FORSCHUNGSBERICHTE DES LANDES NORDRHEIN-WESTFALEN

Nr. 1924

Herausgegeben im Auftrage des Ministerpräsidenten Heinz Kühn
von Staatssekretär Professor Dr. h. c. Dr. E. h. Leo Brandt

DK 621.92

Prof. Dr.-Ing. Dr. h.c. Herwart Opitz
Dipl.-Ing. Günter Kassen

Laboratorium für Werkzeugmaschinen und Betriebslehre
Techn. Hochschule Aachen

Ermittlung von Richtwerten für die Bearbeitungszugaben beim Schleifen

WESTDEUTSCHER VERLAG · KÖLN UND OPLADEN 1968

ISBN 978-3-663-06295-0 ISBN 978-3-663-07208-9 (eBook)
DOI 10.1007/978-3-663-07208-9

Verlags-Nr. 011924

Gesamtherstellung: Westdeutscher Verlag

Inhalt

Formelzeichen und Abkürzungen

a	Regressionskoeffizient	–
A	Arbeitsgenauigkeit	mm
b	Regressionskoeffizient	–
B	Bestimmtheitsmaß	–
b_s	Schleifbreite	mm
D	Schleifdurchmesser	mm
D_g	Größtmaß der geschliffenen Welle	mm
D_o	Größtdurchmesser mit Bearbeitungszugabe	mm
D_u	Kleinstdurchmesser mit Bearbeitungszugabe	mm
Δd	Schleifzugabe	mm
Δd_r	Schleifzugabe, ohne Berücksichtigung von Vorbearbeitung, Werkstoff und Warmbehandlung	mm
Δd_s	Sauberzugabe	mm
Δ	Variationsbreite der Schleifzugabe zwischen 5 und 95% Summenhäufigkeit	mm
Δ_s	Variationsbreite der Sauberzugabe zwischen 5 und 95% Summenhäufigkeit	mm
F	Querschnittsfläche	mm^2
k_m	Werkstoffaktor	–
k_v	Faktor, der die Vorbearbeitung berücksichtigt	–
k_w	Faktor, der die Warmbehandlung berücksichtigt	–
L	Werkstücklänge	mm
L_o	Abstand Werkstückmitte – Schleifbreitenmitte	mm
l_s	relative Lage der Schleifmitte	%
M_b	Biegemoment	kpm
N	Anzahl der Bearbeitungsfälle	–
n	Anzahl der gemessenen Werkstücke	–
P	Wahrscheinlichkeit	%
q	Anzahl der Querschnittsänderungen	–
R_t	Rauhtiefe	µm
σ	Biegespannung	kp/mm^2
v_s	Schleifscheibenumfangsgeschwindigkeit	m/s
v_w	Werkstückumfangsgeschwindigkeit	m/min
W	Widerstandsmoment	cm^3
x	unabhängige Einflußgröße	mm
y	abhängige Einflußgröße	mm
Y	Regressionswert für die Sauberzugabe	mm
Z'	Zerspanleistung	$mm^3/mm \cdot s$
Δ_z	Sicherheitszuschlag	mm

1. Einleitung

Die Bearbeitungszugabe beim Schleifen stellt die Maßdifferenz zwischen dem Fertigmaß nach dem Schleifen und dem Ausgangsmaß vor dem Schleifen dar. Sie setzt sich zusammen aus der sogenannten Sauberzugabe, die notwendig ist, um auf einer Oberfläche alle Spuren und Auswirkungen der vorhergehenden Bearbeitung – wie Drehriefen, Zunderschicht, Schlag etc. – zu entfernen und aus einem zusätzlichen Betrag, der abgeschliffen werden muß, um das Werkstück auf Fertigmaß zu bringen.

Richtwerte über Schleifzugabe sollen dazu dienen, bei Kenntnis der Werkstückeigenschaften und der Fertigungsbedingungen die Zugabe so zu bemessen, daß der zusätzlich abzuschleifende Betrag möglichst klein gehalten wird.

Die früheren Bemühungen des Deutschen Normenausschusses (DNA), eine allgemeine Norm für Schleifzugaben aufzustellen, scheiterten an den Schwierigkeiten, aus der Vielzahl von firmeninternen Richtwerten eine für die unterschiedlichsten Fertigungszweige der Fertigungstechnik einheitliche Angabe über die Bearbeitungszugabe beim Schleifen zu erarbeiten.

Eine derart allgemeine Angabe stellte die im Jahre 1923 herausgegebene Norm DIN 60 dar, die zwar eindeutige Werte und eine übersichtliche Form, jedoch außer Durchmesser- bzw. Längenstufung für ungehärtete Wellen keine weitere Detaillierung aufwies. Der Wunsch, den Bedürfnissen des Fahrzeugbaues mit seinen hohen Stückzahlen gerecht zu werden, führte im Jahre 1936 zum DIN-Blatt 70 111. Hier zeigte sich bereits, daß rationelle Fertigungsmethoden nach einer engeren Eingrenzung der Bearbeitungszugaben verlangen, als sie z. B. die Norm DIN 60 vorschrieb. Wies DIN 60 für einen Zugabebereich zwischen +0,25 und 0,40 mm vier Stufen auf, so war derselbe Bereich im DIN-Blatt 70 111 in zwölf Stufen unterteilt; außerdem wurden in dieses Blatt auch Schleifzugaben für Bohrungen aufgenommen.

Doch auch diese Erweiterung konnte bei weitem nicht den vielfältigen Wünschen der übrigen Industrie genügen, so daß im Jahre 1952 der DNA den Versuch unternahm, die beiden bisher erschienenen DIN-Blätter 60 und 70111 zu einem Blatt zusammenzufassen, und zwar unter Berücksichtigung der aus einer Umfrage in Betrieben aus mehreren Fachgebieten zusammengetragenen Unterlagen über Schleifzugaben [1]. Das Ergebnis bestand in einer Vielzahl von Auswahlreihen, die entsprechend dem Fertigungszweig und der Fertigungsart vom Benutzer selbst auszuwählen waren. Die Befürchtungen des bearbeitenden Ausschusses, daß die Auswahlreihen falsch angewendet werden und nicht mehr bequem zu übersehen sind, konnten nicht beseitigt werden, so daß schließlich Oktober 1953 auch dieser DIN-Blatt-Vorschlag wieder zurückgezogen werden mußte.

Die VDI-Fachgruppe Betriebstechnik (ADB) hat sich daher 1961 bemüht, an die Aufgabe von der Betriebsseite her heranzugehen, um aus der Praxis heraus zu fundierten Unterlagen zu kommen. Aus einer ersten Voruntersuchung, die in einer Erhebung in einer Reihe von Firmen über die dort üblichen Schleifzugaben bestand und vom Laboratorium für Werkzeugmaschinen und Betriebslehre der Technischen Hochschule Aachen ausgewertet wurde, ergab sich, daß dieses Problem infolge der detaillierten Einflußgrößen auf die Schleifzugabe durch eine Umfrage allein nicht gelöst werden kann [2]. Aus dieser Erkenntnis heraus entschloß sich die VDI-Fachgruppe Betriebstechnik mit Unterstützung des Landesamtes für Forschung eine Untersuchung über Schleifzugaben und ihre Einflußgrößen in Firmen verschiedener Fertigungsrichtungen durchführen zu lassen.

2. Aufgabenstellung und Ziel der Untersuchung

Wie die vorangehenden Ausführungen darlegen, wurde das Aufstellen einer Richtlinie für Schleifzugaben bisher stets von zwei gegensätzlichen Überlegungen beeinflußt. Einerseits sollen die Richtwerte in eindeutiger und übersichtlicher Form Angaben über die Größe einer Schleifzugabe machen, andererseits soll aber auch den vielfältigen Arbeitsbedingungen der verschiedenen Fertigungszweige Rechnung getragen werden. Der Grund dafür, daß es bisher nicht gelang, die genannten Gegensätze zu einem allgemein befriedigenden Kompromiß zusammenzubringen, liegt in der Tatsache, daß die bisher erschienenen DIN-Blätter und firmeninternen Richtwerte ohne eingehendere Berücksichtigung aller auf die Schliefzugabe möglichen Einflußgrößen nur an Hand von Erfahrungswerten aufgestellt worden sind. Ziel der im Rahmen der vorliegenden Arbeit durchgeführten Untersuchung ist es daher, die Sauberzugabe in Abhängigkeit der Einflußgrößen zu ermitteln. Hierzu gehören im einzelnen:

werkstückabhängig: Werkstückform und -abmessungen
Werkstoff
Vorbearbeitung
Warmbehandlung

verfahrensabhängig: Schleifmaschine
Schleifscheibe
Arbeitsbedingungen
Werkstückaufnahme

Darüber hinaus sollen mit Hilfe des zu erarbeitenden Zahlenmaterials die sich als unzureichend erweisenden DIN-Blätter 60 und 70111 durch eine neue zu erstellende Richtlinie ersetzt werden, die es gestattet, der Arbeitsvorbereitung Unterlagen zur Verfügung zu stellen, die unter möglichst umfassender Berücksichtigung der Einflußfaktoren auf die Schleifzugabe eine vernünftige Vorgabe und damit eine kostensenkende Einsparung der Bearbeitungszeit ermöglicht.

3. Durchführung

3.1 Auswahl der Betriebe

Um einen möglichst weiten Bereich des gesamten Fertigungsspektrums zu erfassen, wurde bei der Auswahl der Firmen, in denen die Untersuchungen durchgeführt werden sollten, darauf geachtet, daß weitgehend verschiedene Fertigungsrichtungen Berücksichtigung fanden. Von den für diesen Zweck in Frage kommenden Firmen konnten folgende zur Mitarbeit gewonnen werden:

Gebr. Boehringer GmbH, Göppingen (Werkzeugmaschinen)
Robert Bosch GmbH, Stuttgart (allgemeiner Maschinenbau)
Daimler-Benz AG, Stuttgart (Automobilbau)
Fortuna-Werke, Stuttgart (Werkzeugmaschinen)
Ford-Werke AG, Köln (Automobilbau)
Siemens AG, Mülheim/Ruhr (elektr. und allgem. Maschinenbau)

Zahnradfabrik Friedrichshafen	(Getriebebau)
A. H. Schütte, Köln	(Werkzeugmaschinen)
MSO, Offenbach	(Schleifmaschinenfabrik)
Peter Wolters, Mettmann	(Maschinenfabrik)

3.2 Auswahl der Werkstücke

3.2.1 Werkstoff

Aus einer Voruntersuchung hat sich hinsichtlich der vorkommenden Werkstoffe ergeben, daß in der Hauptsache unlegierte Stähle geschliffen werden, denen zahlenmäßig legierte Einsatz- und Vergütungsstähle und in geringem Maße Automatenstähle und Grauguß folgen. Diese Verteilung liegt auch dem Untersuchungsprogramm zugrunde (Abb. 1). Lediglich Werkstoffe aus Nichteisenmetallen wurden entgegen ursprünglicher Absicht wieder aus dem Programm herausgenommen, da keine für eine Auswertung ausreichende Anzahl an Bearbeitungsfällen gefunden werden konnte.

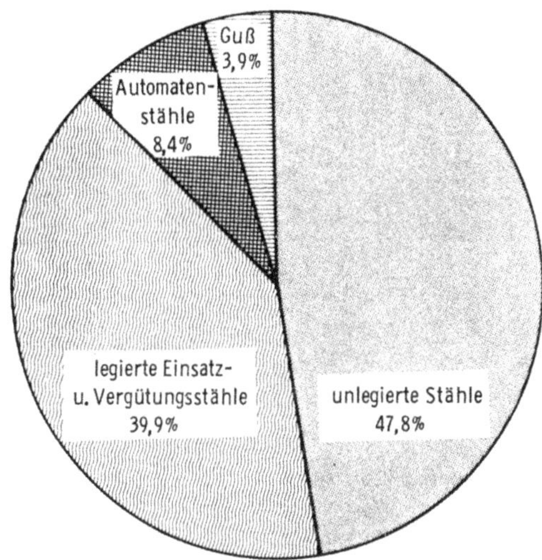

Abb. 1 Prozentualer Anteil der untersuchten Werkstoffgruppen

3.2.2 Zustand der Werkstücke

In Zusammenhang mit den Werkstoffen ist die Warmbehandlung von besonderem Interesse. Soweit dies möglich war, sind solche Werkstücke untersucht worden, die den gebräuchlichsten Warmbehandlungsverfahren unterzogen werden.

3.2.3 Vorbearbeitung

Von den Arten der Vorbearbeitung werden zwei Gruppen unterschieden:

a) gedreht,
b) geschliffen.

3.2.4 Abmessungen und Form

Die Abmessungen eines Werkstückes sowie dessen Form beeinflussen – insbesondere im Zusammenhang mit einer Warmbehandlung – die Größe der Schleifzugabe.

Aus diesem Grunde sind solche Teile ausgewählt worden, die eine vorwiegend zylindrische Form (d. h. ohne starke Querschnittsänderungen, ohne Bohrung und ohne Kröpfung) aufwiesen und zudem den gebräuchlichen Durchmesser- und Längenbereichen entstammten (Abb. 2).

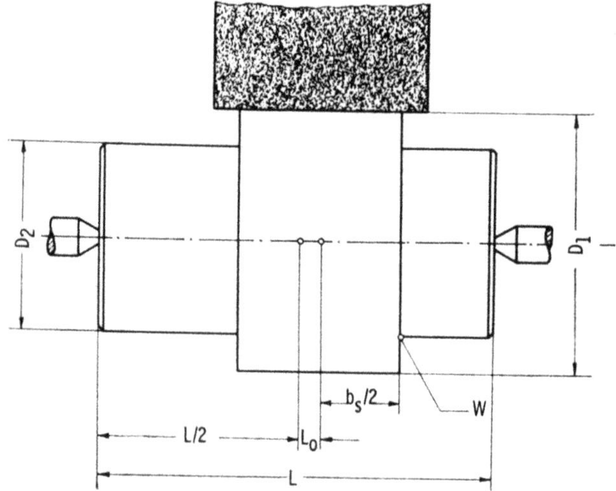

Abb. 2 Bereich der gemessenen Einflußgrößen

Einflußgröße	Bez.	Dim.	min	max
Werkstücklänge	L	mm	15	1100
Schleifdurchmesser	D	mm	7	130
Widerstandsmoment	W	cm³	0,13	151,1
Schleifbreite	b_s	mm	6,0	97,0
rel. Lage der Schleifmitte	l_s	%	0	95,5
Verhältnis Länge/Durchmesser	L/D	–	0,54	27,0
Anzahl und Größe der Querschnittsänderungen	$q \cdot F_1/F_2$	–	1,1	100,5

3.3 Messungen am Werkstück

Konizität, Balligkeit, Rundlauf- und Rundheitsfehler sowie die Spuren der Vorbearbeitung (Drehriefen, Zunderschicht etc.) eines zu schleifenden Werkstückes stellen Abweichungen dar, die durch eine Schleifoperation beseitigt werden sollen. Ihre Größe wurde unmittelbar vor dem Schleifen festgehalten. Gemessen wurden:

1. Ausgangsmaß (Durchmessermessung an mehreren Stellen in der Schleifzone jeweils zweimal in senkrecht zueinanderstehenden Richtungen.)
2. Saubermaß (Zum Messen dieses Durchmessers muß die Schleifoperation unterbrochen und die Schleifscheibe in dem Augenblick aus dem Schnitt genommen werden, in dem die Oberfläche des Werkstücks zum erstenmal ein einheitliches Schliffbild aufweist. Bei warmbehandelten Werkstücken ist dies leicht festzustellen, da durch die Warmbehandlung die Farbe der Werkstückoberfläche dunkler wird als das Grundmaterial. Bei nicht warmbehandelten Werkstücken wird die Oberfläche vor dem Schleifen mit einem Tuschestift eingefärbt.)
3. Fertigmaß

3.4 Schleifverfahren

Von den vier für die Auswertung in Frage kommenden Schleifverfahren wurde die Untersuchung auf das Außenrundeinstechschleifen beschränkt. Nur dieses Verfahren erlaubte eine einwandfreie und reibungslose Aufnahme der oben genannten Größen und wies eine ausreichende Anzahl an Bearbeitungsfällen auf.

3.5 Schleifmaschinen

Soweit dies möglich war, sind nur solche Werkstücke aufgenommen worden, die auf manuell bedienten Maschinen bearbeitet wurden, da hier das Saubermaß besser ermittelt werden kann. Von den Daten der Schleifmaschinen wurden folgende in den Meßwertbogen aufgenommen:

Maschinentyp und Hersteller
Werkstückaufnahme
Leistungsbedarf
Schleifscheibenumfangsgeschwindigkeit
Werkstückumfangsgeschwindigkeit
Einstechgeschwindigkeit bzw. Zerspanleistung
Schleifscheibe (Abmessung, Körnung, Härte etc.)

4. Auswertung und Darstellung der Ergebnisse

Aus dem laufenden Fertigungsprogramm der genannten Betriebe wurden 138 Bearbeitungsfälle ausgewählt, von denen jeder zwischen 25 und 40 unter gleichen Bedingungen geschliffene Werkstücke umfaßte, so daß für die Auswertung die Meßwerte von insgesamt etwa 4000 Werkstücken zur Verfügung standen.
Wie in Abschnitt 1 erläutert, stellt die Schleifzugabe die Maßdifferenz zwischen Ausgangsmaß vor dem Schleifen und Fertigmaß nach dem Schleifen dar. Im allgemeinen jedoch ist das Fertigmaß mit einer Toleranzangabe versehen, so daß die Frage geklärt werden muß, auf welches Maß die Schleifzugabe bezogen wird. Das Nennmaß kann kein ausreichender Bezugspunkt sein, da je nach Durchmesser, Passungsart und -qualität das Fertigmaß um Beträge vom Nennmaß abweichen kann, die in der Größenordnung der Schleifzugabe selbst liegen. Aus diesem Grunde sind die Zugabewerte einheitlich auf das Größtmaß der zu schleifenden Wellen bezogen (Abb. 3).
Als Beurteilungsgrundlage für den Einfluß der verschiedenen Faktoren auf die Zugabe müssen für jeden Bearbeitungsfall die Sauber- und die Schleifzugabe als Mittelwerte aus einer Meßwertserie ermittelt werden. Da diese Meßwerte in Form einer Häufigkeitsverteilung vorliegen, bietet sich eine Auswertung nach statistischen Gesichtspunkten und Vorschriften an.
Die schnellste und übersichtlichste Methode, mit der für jeden Bearbeitungsfall die kennzeichnenden Maßzahlen, wie Mittel- und Streuwert, ermittelt werden können, stellt die Auftragung der Summenhäufigkeiten im normalen Wahrscheinlichkeitsnetz dar [1]. Gerechtfertigt wird diese Methode durch die Tatsache, daß in den meisten aufgenommenen Meßwertserien die Einzelwerte annähernd in einer Normalverteilung vorliegen.

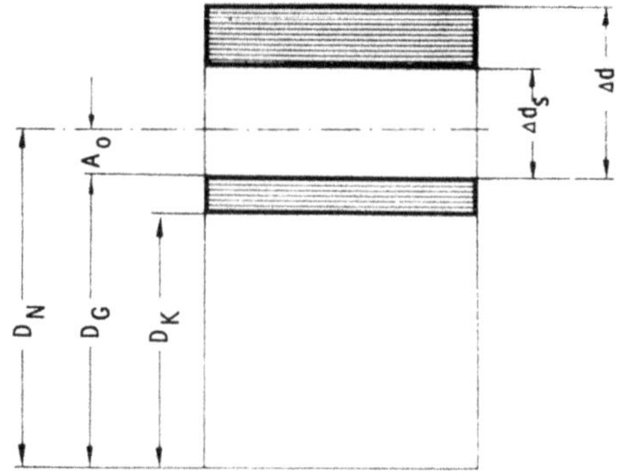

Abb. 3 Lage der Schleifzugabe zum Nennmaß

D_N = Nenndurchmesser
D_G = Größtdurchmesser
D_K = Kleinstdurchmesser
A_0 = oberes Abmaß

Im normalen Wahrscheinlichkeitsnetz entspricht die Abszisse dem Merkmalswert der beobachteten Größen, die Ordinatenachse dagegen entspricht den Summenhäufigkeiten der normalen Verteilung. In Abb. 4 sind an je einem Beispiel für die Sauber- und die Schleifzugabe zwei verschiedene Häufigkeitsverteilungen dargestellt. Während die Werte für die Sauberzugabe nahezu eine Normalverteilung aufweisen und der verbindende Kurvenzug in diesem Falle zur Geraden wird, liegt bei den Werten für die Schleifzugabe eine geringe Abweichung von der Normalität vor. Zur einfacheren Auswertung wird auch hier eine ausgleichende Gerade durch die Punkte gelegt. Die sich aus dieser Vereinfachung ergebende Ungenauigkeit ist wegen ihres geringen Einflusses auf Mittel- und Streuwert vertretbar.

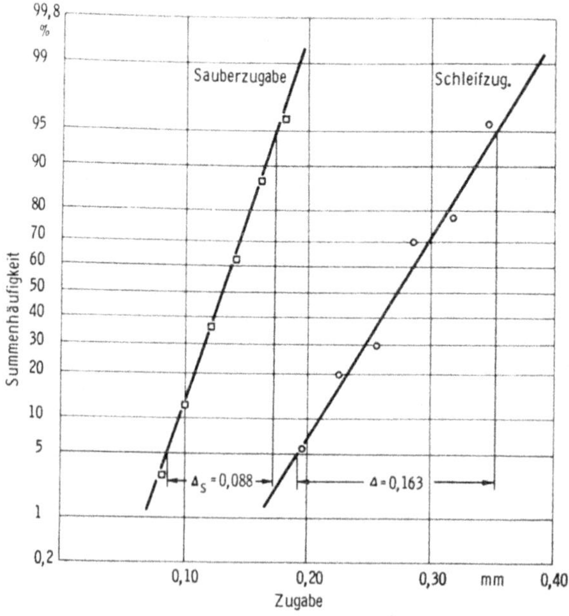

Abb. 4 Auswertung der Häufigkeitsverteilung von Sauber- und Schleifzugabe (Beispiel)

Klasse Δd_s	Klassen-mitte	f	Σf	%	Klasse Δd	Klassen-mitte	f	Σf	%
0,07–0,09	0,08	1	1	3,3	0,18–0,21	0,195	2	2	6,6
0,09–0,11	0,10	3	4	13,3	0,21–0,24	0,225	4	6	20,0
0,11–0,13	0,12	7	11	36,6	0,24–0,27	0,255	3	9	30,0
0,13–0,15	0,14	8	19	63,3	0,27–0,30	0,285	12	21	70,0
0,15–0,17	0,16	7	26	86,6	0,30–0,33	0,315	2	23	76,6
0,17–0,19	0,18	3	29	96,6	0,33–0,36	0,345	6	29	96,6
0,19–0,21	0,20	1	30	100,0	0,36–0,39	0,375	1	30	100,0

Die Steigung der Geraden stellt ein Maß für die Streuung der Einzelwerte dar. Sie wird angegeben als Differenz der Merkmalswerte für 5 bzw. 95% und mit Δ_s bzw. Δ bezeichnet. Den Mittelwert, um den sich die Einzelwerte gruppieren, bildet der sogenannte Zentralwert, dem der Merkmalswert für 50% entspricht und der Δd_s bzw. Δd genannt werden soll.

5. Ermittlung der Einflußgrößen auf die Schleifzugabe

Die Ermittlung sämtlicher Einflußgrößen auf die Schleifzugabe stellt ein komplexes Problem dar, das in seiner Gesamtheit mit den zur Verfügung stehenden Mitteln nicht zu lösen ist. Es ist daher das Ziel dieser Analyse, aus der Vielzahl der Faktoren die wichtigsten herauszufinden und sie in ihrer Wirkung und ihrer gegenseitigen Beeinflussung zu bestimmen. Allgemein kann der Zusammenhang folgendermaßen formuliert werden:

$$d_s = f(L; D; b_s; l_s; L/D; q; F_1/F_2; W; \text{Vorbearbeitung}; \text{Werkstückaufnahme}; \text{Warmbehandlung}; \text{Bearbeitungsbedingungen}) \quad (1)$$

In diesem Ausdruck ist die Sauberzugabe Δd_s die in der Schleifoperation gemessene abhängige Veränderliche. Sind die Zusammenhänge bekannt, so kann aus dieser Größe unter Berücksichtigung eines Sicherheitszuschlages das vorzugebende Schleifaufmaß Δd bestimmt werden.

Die in Abb. 5 dargestellten Häufigkeiten aller im Rahmen dieser Untersuchung aufgenommenen Sauber- und Schleifzugaben geben einen ersten Überblick über die Größenordnung und die Verteilung der Werte.

In dieser Darstellung sind die relativen Häufigkeiten über der in Klassen unterteilten Zugabe aufgetragen. Hieraus ist ersichtlich, daß die Werte zwischen 0,02 und 0,20 mm einer Normalverteilung folgen, während die Werte $\Delta d_s > 0{,}20$ mm Werkstücken zugeschrieben werden müssen, die unter extremen Fertigungsbedingungen bearbeitet wurden und somit zu den Sonderfällen gerechnet werden. Sie werden in den nachfolgenden Betrachtungen nicht weiter berücksichtigt. Ein Vergleich der beiden Verteilungskurven für Δd und Δd_s läßt erkennen, daß die vorgegebenen Schleifaufmaße, wie sie den verschiedenen firmeninternen Richtlinien entnommen werden können, im allgemeinen zu groß bemessen sind. Während der Zentralwert für Δd_s bei 0,125 mm liegt, beträgt er für die Schleifzugabe Δd 0,32 mm. Im Idealfall, für den $\Delta d = \Delta d_s$ ist, würden beide Kurven zusammenfallen. In der Praxis jedoch kann dieser Fall nicht verwirklicht

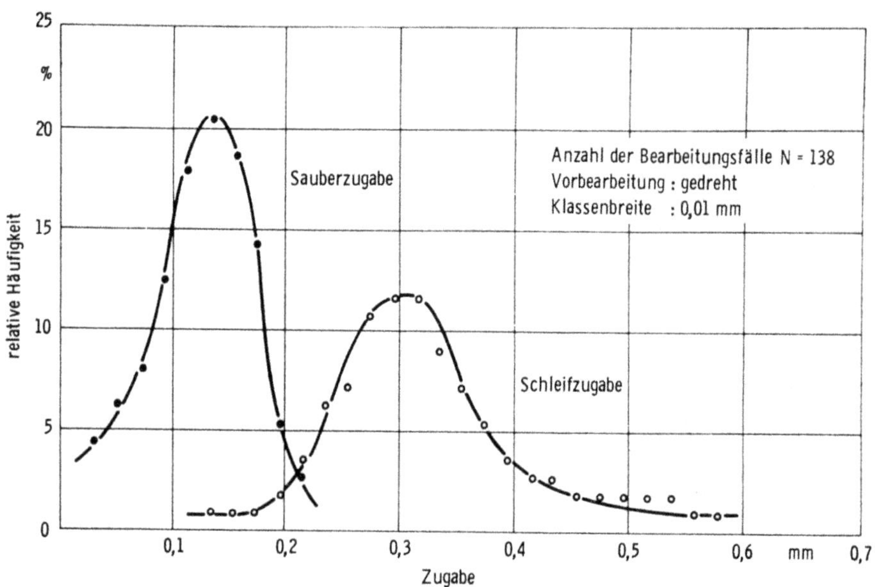

Abb. 5 Häufigkeitsverteilung von Sauber- und Schleifzugaben

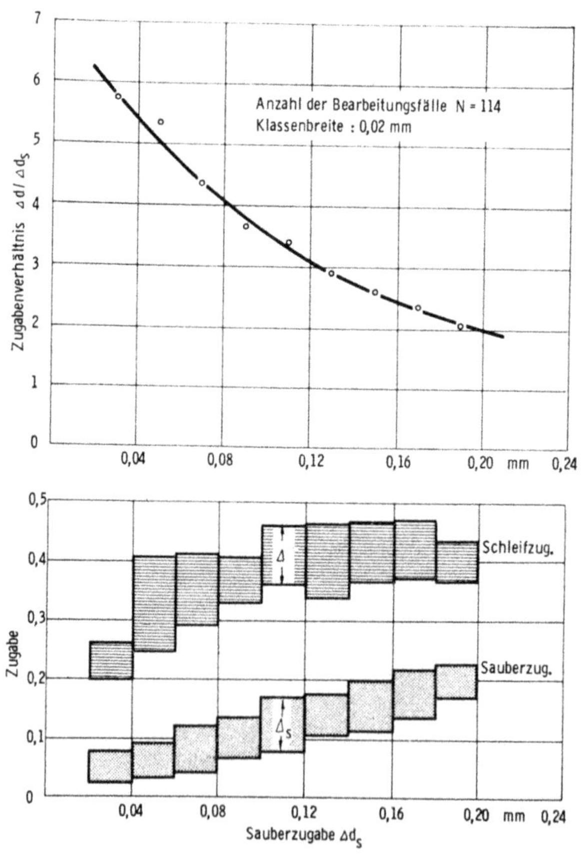

Abb. 6 Schleifzugabe in Abhängigkeit von der Sauberzugabe

werden, da jeder Fertigungsprozeß mit Streuungen behaftet ist. Das bedeutet, daß die Werkstücke vor dem Schleifen kein einheitliches Ausgangsmaß besitzen, sondern von der Vorbearbeitung her unterschiedliche Abmessungen aufweisen. Will man gewährleisten, daß jedes Werkstück beim Schleifen auch sauber wird, ohne daß das Kleinstmaß unterschritten wird, so muß das kleinste Schleifaufmaß größer sein als der größte Wert für die Sauberzugabe. Wird das Verhältnis $\Delta d/\Delta d_s$ über der Sauberzugabe aufgetragen (Abb. 6), so zeigt sich, daß für Werkstücke, die eine geringe Zugabe erfordern, die Schleifzugabe etwa den 6fachen Wert der Sauberzugabe annimmt. Mit größer werdender Sauberzugabe Δd_s nimmt das Verhältnis degressiv ab. Hierin kommt zum Ausdruck, daß die vorgegebene Schleifzugabe in den meisten Fällen eher zu groß gewählt, als daß die Schleifzeit durch eine dem Bearbeitungsfall angepaßte Zugabe im Sinne einer wirtschaftlichen Fertigung verkürzt wird.
Bei der Auswertung der Meßergebnisse ergibt sich als größte Schwierigkeit, die systematischen von den zufälligen Einflüssen zu trennen. Wenn die Werte für die Sauberzugabe nach den einzelnen Einflußfaktoren getrennt werden (z. B. Länge, Durchmesser, Widerstandsmoment etc.), so ergibt sich für jeden dieser Faktoren keine strenge Abhängigkeit zur Sauberzugabe, sondern ein mehr oder weniger breites Streuband, das durch Überlagerung der Auswirkungen mehrerer Ursachen entsteht. Hinzu kommt, daß die Auswirkungen eines einzelnen Einflußfaktors durch zufällige Meßwertstreuungen vollständig überdeckt werden können.
Im weiteren Verlauf dieser Betrachtungen sollen die Einflußfaktoren nach meßbaren und qualitativen Merkmalen unterschieden werden. Zu den meßbaren Merkmalen zählen z. B. Werkstückdurchmesser D, Länge L, Widerstandsmoment W etc., zu den qualitativen gehören Werkstückaufnahme, Warmbehandlung, Vorbearbeitung etc. Während für die letzte Gruppe relativ leicht die Größe des Einflusses zu ermitteln ist, ist es nur mit Hilfe der Regressionsrechnung möglich, trotz der manchmal erheblichen Streuungen zu einer einfachen Beziehung zwischen den meßbaren Merkmalen und der Sauberzugabe zu gelangen.

5.1 Einflußgrößen qualitativer Art

5.1.1 Vorbearbeitung

Vor der eigentlichen hier untersuchten Schleifoperation werden die Werkstücke nach vorgeschliffenen und vorgedrehten Teilen unterschieden. Das prozentuale Verhältnis der aufgenommenen Bearbeitungsfälle dürfte mit 15 : 85 etwa der in der Praxis vorliegenden Verteilung entsprechen.
Wenn für die beiden verschiedenen Vorbearbeitungen ein quantitativer Unterschied angegeben werden kann, so ist dies zunächst nur an Hand der durchschnittlichen Sauberzugaben möglich. Die günstigste Möglichkeit, diesen Unterschied zu ermitteln, läge dann vor, wenn für einen Bearbeitungsfall sowohl vorgeschliffene als auch vorgedrehte Werkstücke ausgemessen werden könnten. Doch dieses Zusammentreffen findet in der Praxis nur selten statt, da nach dem Vorschleifen in den meisten Fällen sich eine Warmbehandlung anschließt und somit eine weitere Einflußgröße in diesen Vergleich hineingebracht wird. Aus diesem Grunde werden in Abb. 7 nur warmbehandelte Werkstücke miteinander vergleichen.
Der Vergleich zeigt, daß die durchschnittliche Sauberzugabe für vorgeschliffene Werkstücke etwa 40% der mittleren Sauberzugabe vorgedrehter Werkstücke beträgt. Der Grund für dieses Verhalten liegt in der geringen Maßstreuung vorgeschliffener gegenüber vorgedrehter Teile.

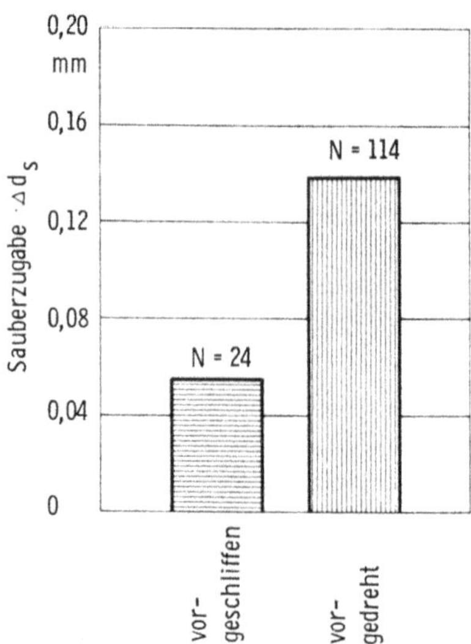

Abb. 7 Einfluß der Vorbearbeitung auf die Sauberzugabe

5.1.2 Werkstückaufnahme

Die im Einstechverfahren geschliffenen Werkstücke wurden nach drei verschiedenen Werkstückaufnahmen hin untersucht:

a) zwischen Spitzen;
b) Spannbuchse oder Futter und eine Spitze;
c) fliegend in Spannbuchse, Spanndorn oder Spannfutter.

Für jedes dieser Merkmale wurde die durchschnittliche Sauberzugabe ermittelt (Abb. 8). Man erkennt, daß fliegend gespannte Werkstücke eine geringere Zugabe erfordern als zwischen Spitzen aufgenommene. Jedoch sind der Unterschied und die Anzahl der vorliegenden Bearbeitungsfälle der Werkstückaufnahme so gering, daß nicht mit Sicherheit auf systematische Einflüsse geschlossen werden kann. Da zudem die Werte an verschiedenen Maschinen mit unterschiedlicher Arbeitsgenauigkeit gemessen wurden, muß damit gerechnet werden, daß die sich hieraus ergebenden Streuungen einen systematischen Unterschied ganz überdecken.

5.1.3 Werkstoff

Schon bei der eingangs erwähnten Voruntersuchung konnte festgestellt werden, daß der Werkstoff als Einflußgröße erst in Verbindung mit einer Warmbehandlung wirksam wird. Es erscheint daher zweckmäßiger, die Unterteilung in Werkstoffgruppen im Zusammenhang mit einer Warmbehandlung vorzunehmen.

5.1.4 Warmbehandlung

Zu den Faktoren, die einen wesentlichen Einfluß auf die Sauberzugabe ausüben, gehören Form- und Maßbeständigkeit bei der Warmbehandlung. Je nach Werkstoff neigen Werkstücke, die gehärtet werden, zu einem mehr oder weniger starken Verzug. Verantwortlich für diese Erscheinung sind Spannungen, die durch die schnelle Abkühlung

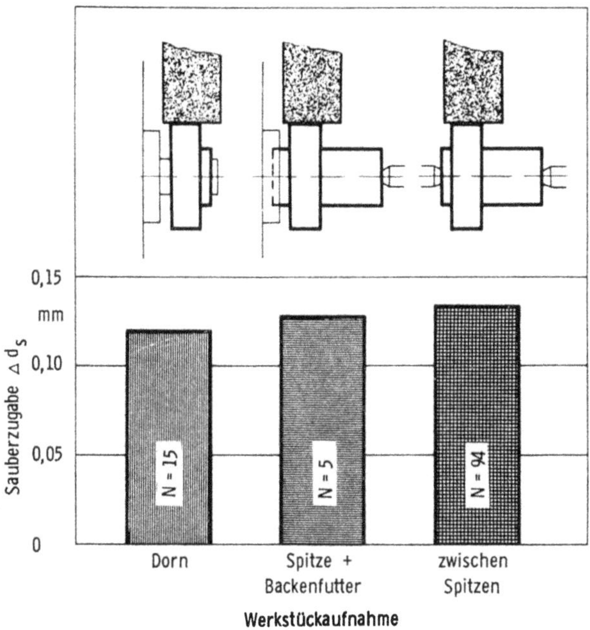

Abb. 8 Einfluß der Werkstückaufnahme auf die Sauberzugabe

beim Härten entstehen. Die Spannungen können zwei grundsätzlich verschiedene Ursachen haben, deren Wirkungen sich überlagern. Schrumpfspannungen entstehen unabhängig von den Gefügeänderungen als Folge unterschiedlicher Abkühlung der verschiedenen Querschnittszonen. Daneben treten Umwandlungsspannungen auf, die durch Volumenvergrößerung bei der Martensitbildung hervorgerufen werden. Größe und Richtung der genannten Spannungen sind abhängig von der Härtetemperatur, der Abkühlungsgeschwindigkeit, der Art der Härtung, der Einwirkung des Werkstückeigengewichtes und schließlich von der Werkstückform [5].

5.1.4.1 Abkühlungsgeschwindigkeit

Der Härteverzug, der durch unsymmetrische Verteilung der beim Härten auftretenden Spannungen und der dadurch bewirkten Verformungen entsteht, wird durch eine schnellere Abkühlung gefördert. Besonders betroffen werden hiervon Werkstücke mit mehrfachen und schroffen Querschnittsänderungen. Entsprechend der Abkühlungsgeschwindigkeit neigen wasserhärtende Stähle mehr als ölhärtende und diese wiederum mehr als lufthärtende Stähle zum Verziehen. Den geringsten Verzug erhält man durch Warmbadhärtung, da in diesem Falle die Abkühlung auf eine Temperatur, die wenig unter der Temperatur der beginnenden Martensitbildung liegt, das Entstehen von Umwandlungsspannungen weitgehend verhindert und thermische Spannungen mit zunehmender Haltezeit im Bad abgebaut werden können.

In Abb. 9 sind die durchschnittlichen Sauberzugaben der nach den Merkmalen Wasser-, Öl-, Luft- und Warmbadhärtung gruppierten Bearbeitungsfälle aufgetragen.

Trotz einer teilweisen Überdeckung durch andere Einflußgrößen läßt sich die Tendenz des stärkeren Verzugs bei höherer Abkühlungsgeschwindigkeit durch eine geringfügig größere Zugabe bestätigen. Ergänzend wurde zum Vergleich die durchschnittliche Sauberzugabe für nicht warmbehandelte Stähle aufgetragen.

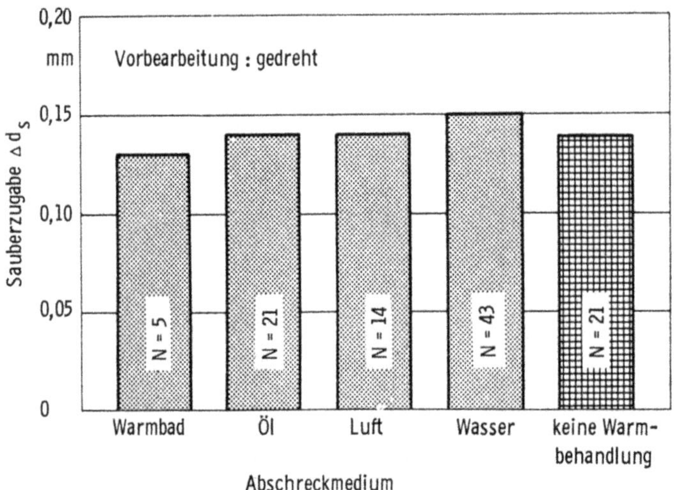

Abb. 9 Sauberzugabe in Abhängigkeit von der Abkühlungsgeschwindigkeit während der Warmbehandlung

5.1.4.2 Art der Härtung

Soweit die untersuchten Werkstücke warmbehandelt wurden, lag fast ausschließlich eine Oberflächenhärtung vor.

Abb. 10 zeigt eine Gegenüberstellung der bei den verschiedenen Härteverfahren sich ergebenden mittleren Sauberzugaben. Den niedrigsten Durchschnittswert weisen flamm- und induktionsgehärtete Werkstücke auf. Einsatzgehärtete Werkstücke benötigen eine größere Zugabe. Dieses Verhalten ist auf die gegenüber der Erwärmung beim Einsatzhärten schnellere Wärmezufuhr beim Induktions- bzw. Flammhärten zurückzuführen, die dann erwünscht ist, wenn nur ein kleiner Teil des Werkstückes (Spitze, Profile, Zähne etc.) gehärtet werden soll.

Findet im Anschluß an eine Einsatzhärtung ein Anlaßvorgang statt, so lassen sich infolge eintretender Gefügeänderungen in den martensitischen Bereichen des gehärteten Teiles die vorhandenen Härtespannungen ohne Härteverlust teilweise abbauen und die Ver-

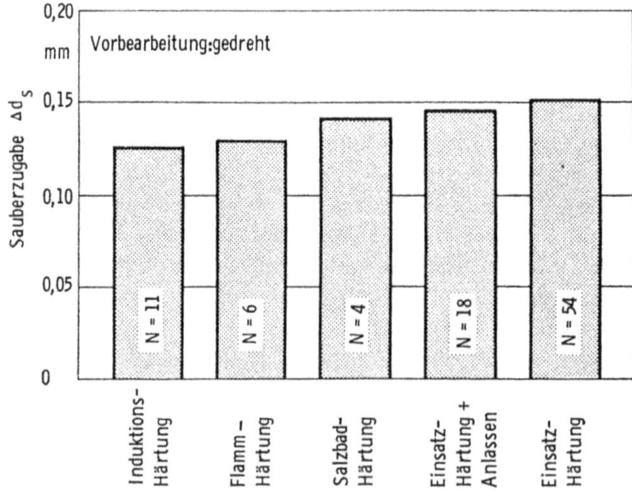

Abb. 10 Sauberzugabe in Abhängigkeit von verschiedenen Warmbehandlungsverfahren

formungen in entsprechendem Maße verringern. Dies hat zur Folge, daß der Verzug geringer und die notwendige Sauberzugabe kleiner werden. Salzbadgehärtete Werkstücke nehmen hinsichtlich ihrer Auswirkung auf die Sauberzugabe eine gewisse Mittellage ein. Es muß jedoch darauf hingewiesen werden, daß es sich bei den angegebenen Werten stets um Durchschnittswerte handelt, die bei einer vergleichenden Gegenüberstellung der Härteverfahren nur eine Tendenz wiedergeben können. Diese wiederum kann weitgehend überdeckt werden von gleichermaßen wirksamen Einflüssen. Zwar liegt auf Grund der hohen Anzahl der Stichproben je Merkmal eine hinreichende Sicherheit in der Aussage vor, doch sind die Unterschiede zwischen den Merkmalen so gering, daß eine differenziertere Unterteilung in der vorliegenden Untersuchung im Hinblick auf eine an Hand dieser Ergebnisse vorzugebende Schleifzugabe nicht sinnvoll erschiene. Aus diesem Grunde wurden der Übersichtlichkeit halber für die weitere Auswertung der Einfluß vom Werkstoff und der Warmbehandlung nach nur drei verschiedenen Gruppen untersucht.

5.2 Einflußgrößen quantitativer Art

Zu den meßbaren Merkmalen zählen:

Werkstücklänge	L
Werkstückdurchmesser an der Schleifstelle	D
Widerstandsmoment im gefährdeten Querschnitt	W
Schleifbreite	b_s
Lage der Schleifstelle	l_s
Verhältnis Länge/Durchmesser	L/D
Anzahl der Querschnittsänderungen	q
maximale Querschnittsänderung	F_1/F_2
Rautiefe	R_t
Schnittbedingungen	v_s, v_w, Z'

Wie bereits erwähnt, ist es unmöglich, den Einfluß eines einzelnen Merkmals auf die Sauberzugabe zu ermitteln und quantitativ anzugeben, ohne die Auswirkungen der restlichen Einflußgrößen zu berücksichtigen. Die Normblätter DIN 60 und DIN 70 111 sowie die meisten firmeninternen Richtwerttabellen geben die Sauberzugabe in Abhängigkeit von Werkstückdurchmesser und von der Werkstücklänge, allenfalls noch vom Härten, an. Darüber hinaus bleiben weitere Werkstückeigenschaften und die Fertigungsbedingungen unberücksichtigt. Bei der Auswertung des vorliegenden Zahlenmaterials ergab sich, daß gerade diesen Einflüssen sowie ihrem gegenseitigen Zusammenwirken besondere Bedeutung zukommt.

Mit der Regressionsrechnung ist eine zuverlässige Methode gegeben, die Abhängigkeit einer Größe von mehreren veränderlichen Merkmalen sowie deren Zusammenwirken rechnerisch zu ermitteln. Um den Rechenaufwand, der mit der Zahl der unabhängigen Veränderlichen exponentiell zunimmt, in erträglichen Grenzen zu halten, soll die Regression auf vier Veränderliche beschränkt bleiben. Hierzu ist es notwendig, die Tendenz des Einflusses eines jeden Merkmals auf die Zugabe zu ermitteln. An Hand der Ergebnisse dieser Auswertung können die Faktoren, mit denen die Regression durchgeführt werden soll, bestimmt werden.

5.2.1 Werkstücklänge

In Abb. 11 ist die zu jedem Bearbeitungsfall gehörende mittlere Sauberzugabe Δd_s über der Werkstücklänge L aufgetragen. Geht man von der Annahme aus, daß die zu

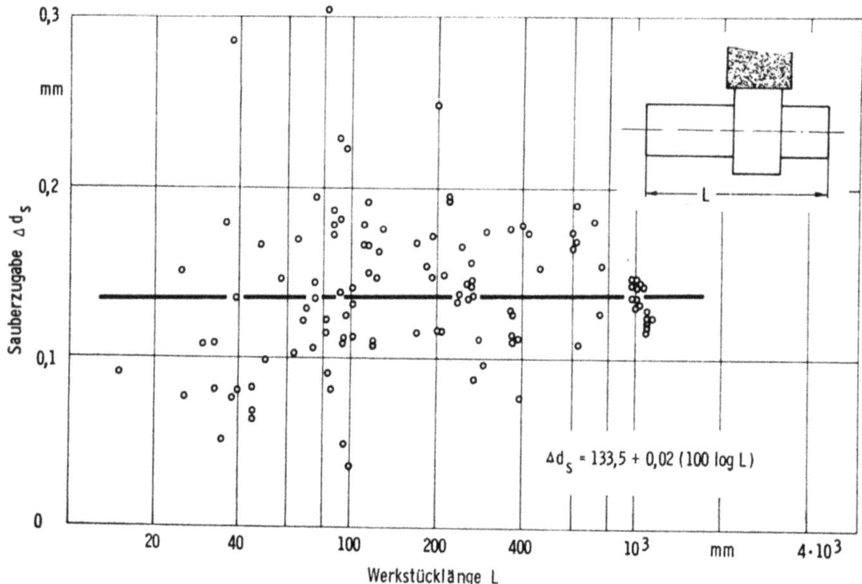

Abb. 11 Sauberzugabe in Abhängigkeit von der Werkstücklänge

verschiedenen Längen L gehörenden Werte von Δd_s, abgesehen von den durch Überdeckung durch andere Einflüsse sich ergebenden Abweichungen, auf einer Geraden liegen, so ist das Verfahren der linearen Regression besser anzuwenden, wenn statt der Längen deren Logarithmen aufgetragen werden. Diese Auftragung wird auch bei den anderen Merkmalen beibehalten. Es ist nicht zulässig, die auf diesem Wege ermittelte Beziehung zwischen der abhängigen (Δd_s) und der unabhängigen (L) Größe als Maß für die quantitative Abhängigkeit zu benutzen. Sie kann lediglich dazu dienen, die verschiedenen unabhängigen Veränderlichen hinsichtlich ihres Einflußgrades miteinander zu vergleichen. Vergleichsmaß ist der sogenannte Regressionskoeffizient, dessen Begriff noch zu erläutern ist.

Die Gleichung der Regressionsgeraden lautet:

$$Y = a + b \cdot x \tag{2}$$

wobei Y den Regressionswert für die Sauberzugabe Δd_s und x den Logarithmus der Werkstücklänge bedeutet. Die Größen a und b sind so zu bestimmen, daß die durchschnittlichen Werte für die Sauberzugabe $\Delta d_s = y_i$ möglichst wenig von den entsprechenden Regressionswerten Y_i abweichen. Hierzu muß die Gleichung

$$S_i (y_i - Y_i)^2 = \text{Minimum} \tag{3}$$

erfüllt sein. Mit (2) in (3) gilt

$$S_i (y_i - a - b x_i)^2 = \text{Minimum} \tag{4}$$

Wird dieser Ausdruck nach a und b abgeleitet und das Ergebnis gleich Null gesetzt, so erhält man für a und b die Bestimmungsgleichungen [2]

$$a = \bar{y} - b x \tag{5}$$

$$b = \frac{S_{xy} - \dfrac{S_x S_y}{N}}{S_{xx} - \dfrac{(S_x)^2}{N}} \tag{6}$$

Man nennt b den Regressionskoeffizienten, der in der Gleichung (5) ein Maß für die Steigung der Regressionsgeraden ist. Der Regressionskoeffizient b gibt an, um wieviel y im Durchschnitt zunimmt, wenn x um 1 wächst.

Durch passende Umformung in eine für das Rechnen geeignete Form erhält man mit den entsprechenden Werten $y_i = 10^3 \cdot \Delta d_{si}$ und $x_i = 100 \log L_i$ für die Sauberzugabe und die Werkstücklänge die Koeffizienten

$$a = 135{,}5 \qquad (7)$$
$$b = 0{,}02$$

Die Regressionsgleichung lautet somit

$$Y = 135{,}5 + 0{,}02 \cdot x \qquad (8)$$

oder

$$\Delta d_s = 0{,}1335 + 0{,}02\,[100 \log L]\ \text{mm} \qquad (9)$$

Die dazugehörige Gerade ist in Abb. 11 eingezeichnet. Die Steigung bzw. der Regressionskoeffizient b deutet darauf hin, daß zwischen Werkstücklänge und Sauberzugabe kein direkter Zusammenhang erkennbar ist.

5.2.2 *Schleifdurchmesser*

Für Abb. 12 und für die folgenden Abb. 13–17 wurde die gleiche Darstellungsart gewählt wie für Abb. 11.

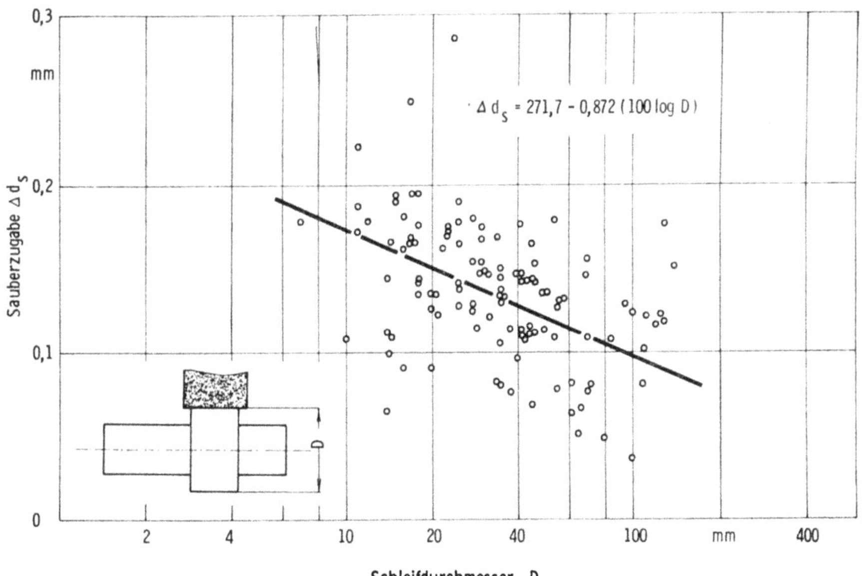

Abb. 12 Sauberzugabe in Abhängigkeit vom Schleifdurchmesser

Hierin gilt:

$$y_i = 10^3 \cdot \Delta d_{si} \qquad (10)$$
$$x_i = 100 \log D_i$$

Die entsprechende Regressionsgleichung lautet:

$$Y = 271{,}7 - 0{,}872\ x$$

oder

$$\Delta d_s = 0{,}2717 - 0{,}872 \cdot [100 \log D] \text{ mm} \tag{12}$$

Aus dem Regressionskoeffizient $b = -0{,}872$ ist ersichtlich, daß bei einer Vergrößerung von D die Sauberzugabe Δd_s abnehmen muß. Dieser Zusammenhang kommt in gleicher Weise durch die zu größeren Werten von D hin abfallende Gerade zum Ausdruck. Das Ergebnis steht offensichtlich im Widerspruch zur bisherigen Erkenntnis, nach der größere Durchmesser eine größere Zugabe erfordern. Beide Tendenzen lassen sich begründen. Bei Werkstücken mit großem Durchmesser wirken sich Genauigkeitsabweichungen (Rundlauf-, Rundheitsfehler, Konizität) stärker aus als bei solchen mit kleinem Durchmesser.
Diese Tatsache findet in den bisher gültigen Richtwerttabellen Berücksichtigung. Dagegen neigen andererseits Werkstücke mit großem Durchmesser – insbesondere nach einer Oberflächenhärtung – weniger zum Verzug als Werkstücke mit kleinem Durchmesser. Den in Abb. 12 dargestellten Ergebnissen muß entnommen werden, daß der Einfluß des Verzuges überwiegt.

5.2.3 Widerstandsmoment

Aus Abb. 13 ist zu ersehen, daß unter Einwirkung der Schnittkraft im Querschnitt mit dem kleineren Durchmesser das größte Biegemoment auftritt.

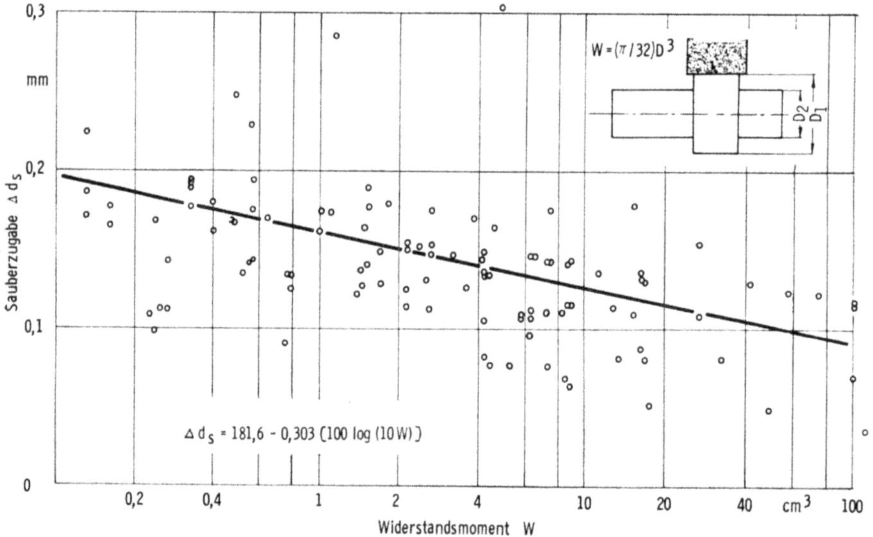

Abb. 13 Sauberzugabe in Abhängigkeit vom Widerstandsmoment

Die durch Belastung während des Schleifens und durch Einflüsse der Vorbearbeitung im Werkstück hervorgerufenen Spannungen führen zu Verformungen, die sich in diesem Querschnitt auf die Sauberzugabe am stärksten auswirken. Die Spannungen sind entsprechend der Beziehung $\sigma = M_b/W$ allein durch Biegemoment und die Querschnittsform bzw. durch das Widerstandsmoment bestimmt.
Daraus ist ersichtlich, daß bei konstanter Belastung kleinere Werte von W zu größeren Spannungen führen können und somit eine größere Zugabe erforderlich machen. Dieser Zusammenhang wird durch die Regressionsgerade in Abb. 13 bestätigt.

5.2.4 *Schleifbreite und Lage der Schleifstelle*

Die Skizze in Abb. 14 und 15 zeigt, wie die beiden Kennwerte definiert sind. Für $l_s = 0$ liegt die Schleifstelle genau in der Mitte zwischen den beiden Spitzen. Für beide Größen ergab sich keine erkennbare Abhängigkeit.

5.2.5 *Verhältnis Länge/Durchmesser*

Trägt man die Sauberzugabe Δd_s über dem Quotienten L/D auf, so kann die gegenseitige Überdeckung der Einflüsse von Werkstücklänge und -durchmesser vermieden werden.

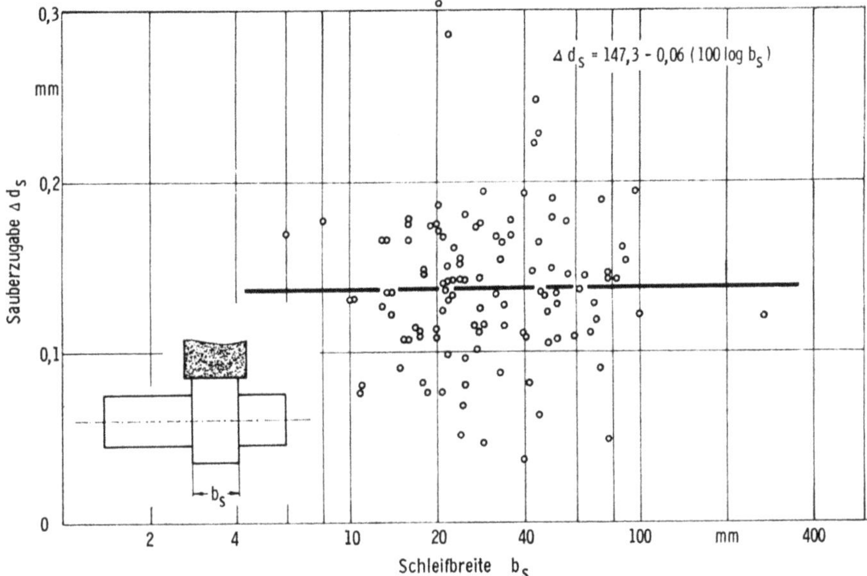

Abb. 14 Sauberzugabe in Abhängigkeit von der Schleifbreite

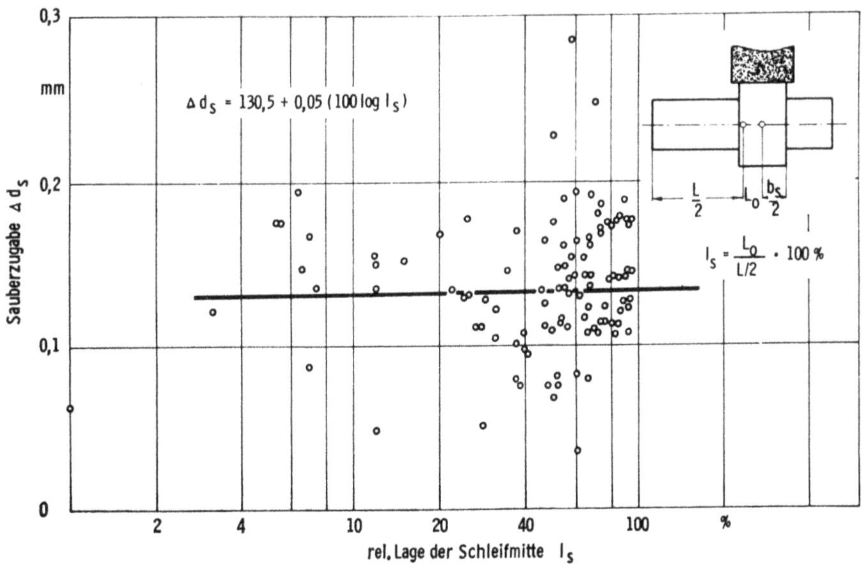

Abb. 15 Sauberzugabe in Abhängigkeit von der Lage der Schleifmitte

In Abb. 16 wird durch den Anstieg der Regressionsgeraden bestätigt, daß schlanke Werkstücke entsprechend großen Werten von L/D stärker zum Verzug neigen und somit eine größere Zugabe erfordern. Auf die Gründe wurde bereits hingewiesen.

5.2.6 Anzahl und Größe der Querschnittsänderungen

Mit dem Widerstandsmoment W wurde bereits ein wichtiges Merkmal der Werkstückform erfaßt. Um die Auswirkungen der gesamten Werkstückgestalt bestimmen zu können, werden im folgenden überdies die Anzahl q der Querschnittsänderungen und deren maximal auftretende Größe F_1/F_2 untersucht (Abb. 17). In Abschnitt 5.1.4 wurde

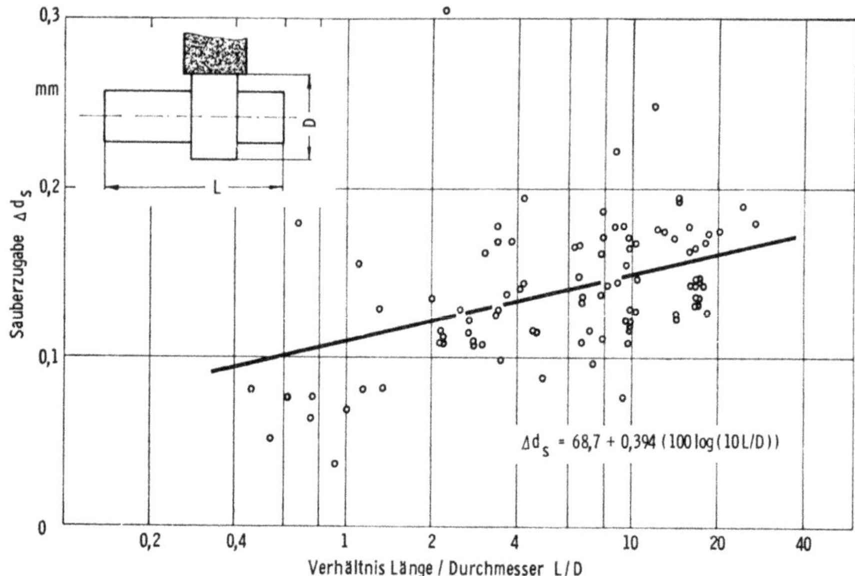

Abb. 16 Sauberzugabe in Abhängigkeit vom Verhältnis Länge/Durchmesser

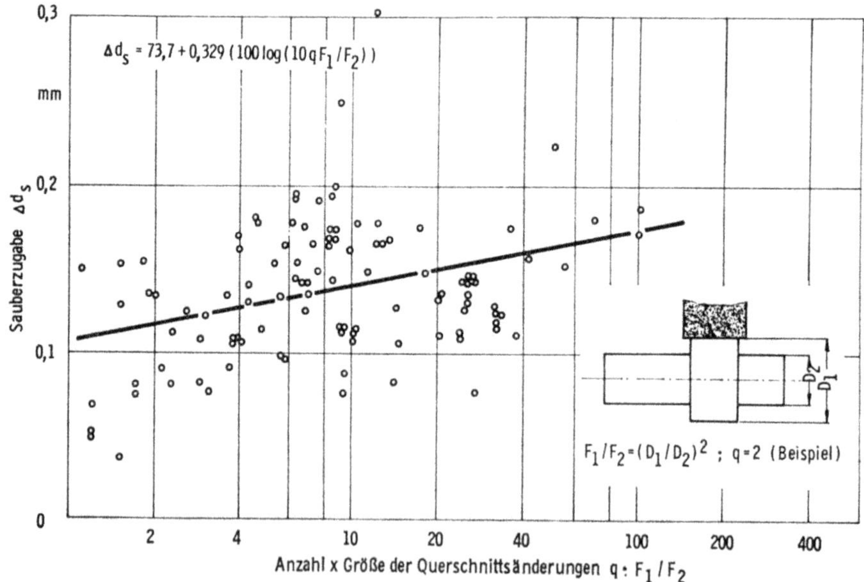

Abb. 17 Sauberzugabe in Abhängigkeit von Anzahl und Größe der Querschnittsänderungen

erläutert, daß Querschnittsänderungen in verstärktem Maße zu Spannungen im Werkstück führen und eine Vergrößerung der Zugabe bewirken können.
Wenn die Zugabe mit zunehmenden Werten sowohl von q als auch von F_1/F_2 größer wird, so muß das für das Produkt $q \cdot F_1/F_2$ erst recht der Fall sein. Wie bereits erwähnt, können durch Bildung des Produktes (bzw. des Quotienten) zweier Größen die Auswirkungen beider gleichzeitig ermittelt werden, ohne daß sich deren Einflüsse überdecken. Die in Abb. 17 ansteigende Regressionsgerade weist auf eine Abhängigkeit zwischen $q \cdot F_1/F_2$ und Δd_s hin.

5.2.7 Rauhtiefe

Eine gesonderte Betrachtung über den Einfluß der Oberflächenqualität der Werkstücke vor dem Schleifen wurde nicht vorgenommen, da es aus Kostengründen und in einigen Fällen aus betrieblichen Gründen nicht möglich war, eine systematische Messung dieses Oberflächenkennwertes durchzuführen. Da der Einfluß gegenüber anderen Faktoren ohnehin gering ist, ist es zweckmäßiger, bei der Bemessung der Sauberzugabe besonders großer R_t-Werte – wie sie z. B. eine Schruppbearbeitung in einem Automaten mit sich bringen kann – durch einen in der Größe des R_t-Wertes liegenden Zuschlag zu begegnen.

5.2.8 Schnittbedingungen

Die Schnittbedingungen für einen Schleifvorgang werden hauptsächlich durch die Schleifscheibenumfangsgeschwindigkeit v_s, die Werkstückgeschwindigkeit v_w und durch die Zerspanleistung Z' charakterisiert, deren Einfluß auf die Größe der Schleifzugabe weder bekannt ist noch bei der Bemessung der Zugabe berücksichtigt wird. Die durch den Schleifvorgang hervorgerufenen Schnittkräfte führen zu Verformungen sowohl des Werkstückes als auch der Werkstückaufnahmeelemente. Als Folge stellen sich am Werkstück Maß- und Formfehler ein, die in der Praxis in der Regel durch ein dem Bearbeitungsgang nachgeschaltetes »Ausfunken« verringert werden. Hierbei bleibt die Schleifscheibe ohne Vorschubbewegung solange im Schnitt, bis die Verformungen auf ein zulässiges Maß abgebaut worden sind.
Zur Ermittlung der Sauberzugabe nach der im Abschnitt 3.3 beschriebenen Methode wird dagegen die Vorschubbewegung in dem Augenblick unterbrochen, wenn die Werkstückoberfläche keine sichtbaren Spuren der Vorbearbeitung mehr trägt, d. h. wenn die gesamte Umfläche zum erstenmal vollständig überschliffen wird. Danach wird die Durchmesserdifferenz, die Sauberzugabe, durch Messen des neuen Durchmessers ermittelt.
Gering halten lassen sich die Abweichungen von Form und Maß, wenn die Einstechbewegung mit geringer Geschwindigkeit von Hand vorgenommen werden kann. Da diese Maßnahme jedoch nicht in allen untersuchten Fällen durchgeführt werden konnte, muß der dadurch bedingte Fehler in Kauf genommen werden. Nach Schätzungen an Hand der gemessenen Rundlauffehler liegt die Abweichung zwischen 3 und 12%, d. h. der notwendigerweise abzuschleifende Mindestbetrag für die Sauberzugabe wurde um diese Werte überschritten.

6. Berechnung der Sauberzugabe mittels mehrfacher linearer Regression

In Abschnitt 5.2 sind für die meßbaren Merkmale die Regressionskoeffizienten für eine einfache lineare Regression errechnet worden. Die nachstehende Tabelle faßt die Ergebnisse zusammen.

Tab. 1 Regressionskoeffizienten für einfache lineare Regression zwischen der Sauberzugabe und ihren Einflußgrößen

Qualitative Einflußgrößen	Bez.	Regressionskoeffizienten a	b
Werkstücklänge	L	133,5	+ 0,020
Schleifdurchmesser	D	271,7	— 0,872
Widerstandsmoment	W	181,6	— 0,303
Schleifbreite	b_s	147,3	— 0,060
rel. Lage der Schleifmitte	l_s	130,5	+ 0,050
Verhältnis Länge/Durchmesser	L/D	68,7	+ 0,394
Anzahl und Größe der Querschnittsänderungen	$q \cdot F_1/F_2$	73,7	+ 0,329

Während die meßbaren Merkmale Werkstücklänge, Schleifbreite und Lage der Schleifstelle offenbar nur einen vergleichsweise geringen Einfluß auf die Zugabe ausüben, besteht zwischen dem Durchmesser bzw. dem Verhältnis Länge/Durchmesser, dem Widerstandsmoment und dem Produkt aus Anzahl mal Größe der Querschnittsänderungen eine ausgeprägtere Abhängigkeit zur Zugabe. Die Regression soll daher mit L/D, W und $q \cdot F_1/F_2$ als unabhängige und mit Δd_s als abhängige Veränderliche durchgeführt werden.

Das Verfahren der mehrfachen linearen Regression gibt Aufschluß darüber, in welcher Weise die Sauberzugabe Δd_s gleichzeitig vom Verhältnis Länge/Durchmesser, vom Widerstandsmoment und vom Produkt aus Anzahl und Größe der Querschnittsänderungen abhängt.

Die Regressionsgleichung für vier Veränderliche lautet:

$$Y = a + b_1 x_1 + b_2 x_2 + b_3 x_3 \qquad (13)$$

Zur Vereinfachung der Rechenarbeit werden an Stelle der aus den Messungen erhaltenen Angaben folgende Umformungen vorgenommen:

$$\begin{aligned} x_1 &= 100 \log (10\, L/D) \qquad (14)\\ x_2 &= 100 \log (10\, W)\\ x_3 &= 100 \log (10\, q \cdot F_1/F_2)\\ y &= 10^3 \cdot \Delta d_s \end{aligned}$$

Auf diese Weise erhält man vier Variable, die alle aus drei Ziffern bestehen. In Tab. 2 sind diese Werte zusammengestellt. Die Werte $Q = x_1 + x_2 + x_3 + y$ werden zu Kontrollrechnungen benötigt. Sind N Werte gegeben, so können die Koeffizienten a, b_1, b_2 und b_3 in (13) durch die Bedingung

$$S\,(y_i - Y_i)^2 = S\,(y - a - b_1 x_1 - b_2 x_2 - b_3 x_3)^2 = \text{Minimum} \qquad (15)$$

Tab. 2 *Werte für das Verhältnis Länge/Durchmesser, das Widerstandsmoment sowie für das Produkt aus Anzahl und Größe der Querschnittsänderungen, mit denen die Regression durchgeführt wurde*

Nr.	x_1	x_2	x_3	y	Q	Nr.	x_1	x_2	x_3	y	Q
G 01	222	166	191	164	743	F 22	197	134	181	154	666
02	230	143	191	174	738	23	194	162	180	144	680
03	100	193	108	68	469	24	180	192	231	110	713
04	104	223	123	80	530	25	183	134	195	114	626
05	145	176	158	109	588	27	107	269	108	48	532
06	145	176	158	108	587	M 01	219	138	275	152	784
07	90	194	100	63	447	02	143	114	148	121	526
08	95	309	118	36	558	03	143	141	202	114	600
09	114	213	146	81	554	04	200	69	213	167	649
10	70	224	108	51	453	05	222	125	285	179	811
11	220	117	166	177	680	06	90	164	149	76	479
121	199	300	250	118	867	08	181	143	205	147	676
122	199	300	250	116	865	09	77	172	197	76	522
123	199	300	250	121	870	11	191	123	226	148	688
124	199	287	250	122	858	12	188	162	231	136	717
125	199	277	250	123	849	13	201	150	261	146	758
126	199	266	250	128	843	14	30	307	104	150	591
B 01	215	77	224	175	691	K 01	182	182	238	109	711
03	215	0	300	186	701	02	185	185	238	113	721
04	190	0	300	171	661	03	111	111	215	82	519
05	211	100	255	174	740	06	183	203	185	135	706
07	162	77	193	143	575	07	182	202	230	132	746
08	162	77	193	194	626	08	165	194	197	115	671
09	216	47	180	194	637	09	134	168	208	303	813
10	216	47	180	192	635	10	165	195	197	115	672
11	194	0	201	177	572	11	215	104	195	173	687
12	180	30	208	165	583	13	132	162	217	105	616
131	180	30	208	165	583	S 01	222	179	240	146	787
132	197	30	208	177	612	02	222	186	240	142	790
20	138	30	158	108	434	03	222	195	240	143	800
21	153	30	186	165	534	04	222	206	240	135	803
22	144	30	175	98	447	05	222	223	240	130	815
23	189	47	136	111	483	06	222	223	240	131	816
24	147	20	160	107	434	07	222	206	240	135	803
25	193	0	270	222	685	08	222	195	240	142	799
26	167	80	175	134	556	09	222	186	240	142	790
27	140	59	130	134	463	10	222	179	240	146	787
28	167	59	191	168	585	Z 03	198	243	146	108	695
29	206	69	195	248	718	04	104	242	126	154	626
30	189	60	199	161	609	05	200	114	217	127	658
31	149	100	159	161	569	07	186	179	176	96	637
32	120	104	165	285	674	08	226	155	239	126	746
33	156	117	128	137	538	09	196	186	243	76	701
34	84	219	179	178	660	10	169	211	197	87	664
F 01	154	132	142	124	552	MSO 20	151	162	188	149	650
02	140	123	118	128	509	21	188	47	188	190	613
03	199	77	159	170	605	23	179	143	172	153	647
05	60	252	136	80	528	25	90	84	157	90	421
06	225	159	194	168	746	SK 20	176	186	257	111	730
07	239	117	194	189	739	21	90	300	132	90	612
08	134	180	200	111	625	26	100	220	100	145	565
09	134	180	200	107	621	27	84	288	100	101	573
10	160	117	163	140	580	G 20	210	90	156	134	590
11	153	139	163	130	585	21	226	42	182	142	592
13	199	117	176	164	656	22	214	72	182	141	609
20	214	90	183	125	612	W 20	156	60	165	180	561
21	208	186	183	175	752	21	156	72	165	228	621

bestimmt werden. Ferner gilt

$$a = \bar{y} - b_1 \bar{x}_1 - b_2 \bar{x}_2 - b_3 \bar{x}_3 \tag{16}$$

Die Gleichung (16) in (13) eingesetzt ergibt:

$$Y = \bar{y} + b_1(x_1 - \bar{x}_1) + b_2(x_2 - \bar{x}_2) + b_3(x_3 - \bar{x}_3) \tag{17}$$

sowie die drei Bestimmungsgleichungen von b_1, b_2 und b_3

$$\begin{aligned} b_1 S_{11} + b_2 S_{12} + b_3 S_{13} &= S_{1y} \\ b_1 S_{21} + b_2 S_{22} + b_3 S_{23} &= S_{2y} \\ b_1 S_{31} + b_2 S_{23} + b_3 S_{23} &= S_{3y} \end{aligned} \tag{18}$$

Abkürzend für die Summe der Quadrate ist das Symbol S_{ii} eingeführt worden. Danach ist z. B.

$$\begin{aligned} S_{11} &= S(x_1 - \bar{x}_2)^2 \\ S_{13} &= S(x_1 - \bar{x}_1)(x_3 - \bar{x}_3) \\ S_{1y} &= S(x_1 - \bar{x}_1)(y - \bar{y}) \end{aligned} \tag{19}$$

Mit den in Tab. 3 zusammengestellten Werten für die Summenquadrate der Abweichungen S_{ii} sowie für die Durchschnittswerte lassen sich die Koeffizienten berechnen.

Tab. 3 Zusammenstellung der Werte für die Summenquadrate der Abweichungen S_{ii} *sowie für die Durchschnittswerte*

$$\begin{aligned}
S(x_1 - x_1)^2 &= S x_1^2 - (S x_1)^2/N &&= S_{11} = +\ 235\,460{,}4 \\
S(x_1 - x_1)(x_2 - x_2) &= S(x_1 x_2 - x_1 x_2 - x_1 x_2 + x_1 x_2) &&= S_{12} = -\ 107\,856{,}0 \\
S(x_1 - x_1)(x_3 - x_3) &= S(x_1 x_3 - x_1 x_3 - x_1 x_3 + x_1 x_3) &&= S_{13} = +\ 158\,657{,}5 \\
S(x_2 - x_2)^2 &= S x_2^2 - (S x_2)^2/N &&= S_{22} = +\ 693\,868{,}6 \\
S(x_2 - x_2)(x_3 - x_3) &= S(x_2 x_3 - x_2 x_3 - x_2 x_3 + x_2 x_3) &&= S_{23} = -\ 34\,501{,}5 \\
S(x_3 - x_3)^2 &= S x_3^2 - (S x_3)^2/N &&= S_{33} = +\ 239\,859{,}2 \\
S(x_1 - x_1)(y - y) &= S(x_1 y - x_1 y - x_1 y + x_1 y) &&= S_{1y} = +\ 89\,486{,}0 \\
S(x_2 - x_2)(y - y) &= S(x_2 y - x_2 y - x_2 y + x_2 y) &&= S_{2y} = -\ 181\,592{,}0 \\
S(x_3 - x_3)(y - y) &= S(x_3 y - x_3 y - x_3 y + x_3 y) &&= S_{3y} = +\ 62\,236{,}8
\end{aligned}$$

Die Regressionsgleichung (13) lautet demnach

$$Y = 177{,}289 + 0{,}225\, x_1 - 0{,}223\, x_2 + 0{,}079\, x_3 \tag{20}$$

Die mehrfachen Regressionskoeffizienten

$$\begin{aligned} b_1 &= 0{,}225 \\ b_2 &= -0{,}223 \\ b_3 &= 0{,}079 \end{aligned} \tag{21}$$

lassen erkennen, daß das Verhältnis L/D und das Widerstandsmoment W gleichermaßen einen größeren Einfluß auf die Sauberzugabe ausüben als das Produkt aus Anzahl und Größe der Querschnittsänderungen $q \cdot F_1/F_2$. Offensichtlich ist für dieses Verhalten die enge Abhängigkeit zwischen Werkstückdurchmesser und Sauberzugabe bestimmt, die in L/D bzw. W stärker zum Tragen kommt als in dem Produkt $q \cdot F_1/F_2$.

7. Bestimmung der Schleifzugabe

Aus der analytischen Betrachtung der Meßwerte und ihrer Abhängigkeiten lassen sich einige wertvolle Hinweise für die Festlegung von Richtwerten für Bearbeitungszugaben beim Schleifen gewinnen.
Von den qualitativen Merkmalen erweisen sich, wie bereits im Abschnitt 5 gezeigt, die Vorbearbeitung, der Werkstoff und die Warmbehandlung der untersuchten Werkstücke als die Einflußgrößen mit der wirksamsten Abhängigkeit zur Sauberzugabe, während von den meßbaren Merkmalen das Verhältnis L/D, das Widerstandsmoment W und der Faktor für die Querschnittsänderung in starkem Maße auf die Zugabe Einfluß nehmen.
Mit diesen Größen kann die eingangs gestellte Aufgabe (1) gelöst werden.
Die Grundlage hierzu bildet die ermittelte Regressionsgleichung (13) oder, wenn die nach Gleichung (14) umgeformten Werte eingesetzt werden,

$$d_s = 0{,}117 + 0{,}0225 \log (10\, L/D) - 0{,}0223 \log (10\, W) + 0{,}0079 \log (10 \cdot qF_1/F_2) \quad (22)$$

Der Einfluß durch Vorbearbeitung, Werkstoff und Warmbehandlung wird durch entsprechende, noch zu bestimmende Faktoren berücksichtigt.
Da die Ergebnisse eines jeden Fertigungsprozesses Streuungen aufweisen, die sowohl

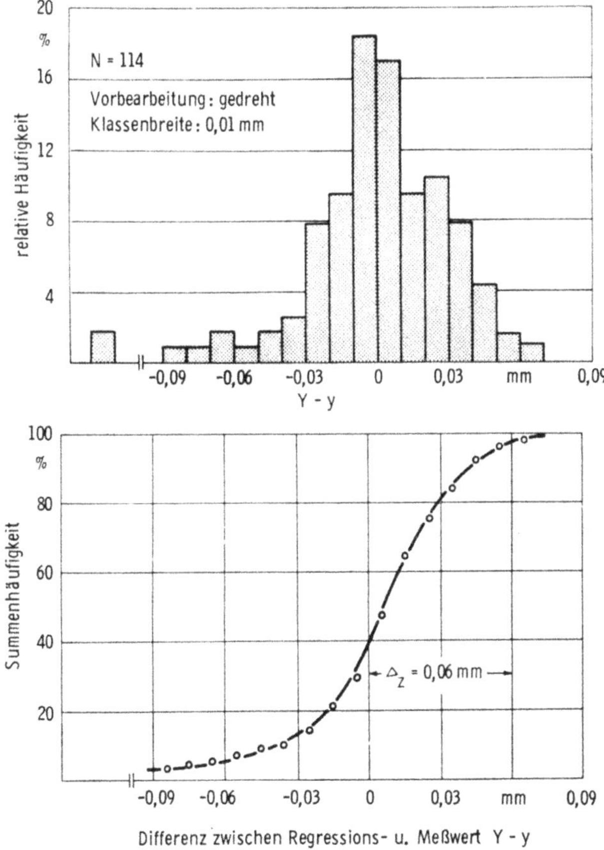

Abb. 18 Summenhäufigkeit der Differenz aus Meß- und berechneten Regressionswerten

zufälliger Art als auch durch systematische Einflüsse bedingt sein können, ist es darüber hinaus erforderlich, die als Durchschnittswert ermittelte Sauberzugabe derart mit einem Sicherheitszuschlag zu versehen, daß, abgesehen von extremen Ausreißern, alle Werkstücke sauber geschliffen werden können, ohne daß darüber hinaus bis zur Erreichung des Fertigmaßes bzw. des Größtmaßes ein wesentlicher Werkstoffabtrag stattfindet. Demnach erhält die Gleichung zur Bestimmung der Sauberzugabe folgendes Aussehen:

$$\Delta d = f(L/D; W; q \cdot F_1/F_2; k_v; k_m; k_w; \Delta_z) = \Delta d_s + \Delta_z \qquad (23)$$

Die Größe Δ_z kennzeichnet den Sicherheitszuschlag, der aus einer Betrachtung über die aus der Regressionsgleichung (22) errechenbaren und die gemessenen Sauberzugaben gewonnen werden kann.

In Abb. 18 ist die relative Häufigkeit der Differenz $y_i - Y_i$ der beiden Werte über dem nach Klassen gestuften Merkmal $y - Y$ aufgetragen. Aus der Darstellung der Ergebnisse in einer Summenhäufigkeitskurve kann entnommen werden, daß 40% aller y-Werte kleiner oder gleich dem für den entsprechenden Bearbeitungsfall errechneten Regressionswert Y sind. Setzt man voraus, daß die untersuchten Werkstücke eine zufällige Stichprobe aus der Grundgesamtheit aller Werkstücke darstellen, so kann hieraus gefolgert werden, daß die abgeleitete Regressionsformel (22) für 40% aller Bearbeitungsfälle Gültigkeit besitzt, ohne daß die Werkstücke Ausschuß werden. Dieser Fall würde eintreten, wenn das Fertigmaß erreicht, die Oberfläche des Werkstückes aber noch nicht sauber ist. Der Sicherheitszuschlag Δ_z, der zum Regressionswert Y hinzuaddiert wird, wirkt sich entsprechend der Beziehung $y - (Y + \Delta_z) = \Delta d$ derart aus, daß die in Abb. 18 eingezeichnete Nullinie ($y - Y = 0$) nach rechts verschoben und der Gültigkeitsbereich zu hohen Prozentsätzen hin erweitert wird. Im vorliegenden Falle wurde der Sicherheitszuschlag mit $\Delta_z = 0{,}06$ mm so gewählt, daß für 97,4% der Bearbeitungsfälle die Schleifzugaben mit Hilfe der mehrfachen linearen Regression bestimmt werden können.

Durch diesen Zuschlag erhalten Werkstücke, für die $y - Y < 0$ zutrifft, somit eine größere Zugabe als tatsächlich erforderlich wäre. Die Hinzufügung des Zuschlags ist jedoch vertretbar, da in den meisten Bearbeitungsfällen eher ein größerer Abtrag in Kauf genommen wird als daß das geschliffene Teil infolge einer zu knapp bemessenen Zugabe Ausschuß wird.

Mit den Werten für die Regressionskoeffizienten b_1, b_2 und b_3 sowie für den Sicherheitszuschlag Δ_z, jedoch noch ohne Berücksichtigung der Faktoren für Vorbearbeitung, Werkstoff und Warmbehandlung, lautet die Regressionsgleichung für die Schleifzugabe:

$$\Delta d = 0{,}177 + 0{,}0225 \log (10\, L/D) - 0{,}0223 \log (10\, W) + 0{,}0079 \log (10 \cdot qF_1/F_2) \qquad (24)$$

Zur schnelleren Ausrechnung kann dieser funktionale Zusammenhang in Form eines Nomogrammes dargestellt werden, dessen praktische Anwendung zur Bestimmung von Δd aus dem angeführten Beispiel deutlich wird. Für den praktischen Gebrauch aber ist diese Art der Errechnung noch zu umständlich. Aus diesem Grunde wurden die unabhängigen Einflußgrößen L/D, W und $q \cdot F_1/F_2$ logarithmisch gestuft und für die Mittelwerte des zu jeder Stufe gehörenden Bereichs aus dem Nomogramm die Zugaben ermittelt. Die auf diesem Wege gewonnenen Werte lassen sich nun in Tabellenform darstellen, die somit die gewünschte schnelle Ablesung der Zugaben möglich macht.

Auf die Einflüsse, die die drei qualitativen Merkmale Vorbearbeitung, Werkstoff und Warmbehandlung auf die Zugabe ausüben, wurde bereits hingewiesen. Ihre Größe kann zahlenmäßig abgeschätzt und soll durch die Faktoren k_v, k_m und k_w gekennzeichnet werden.

Tab. 4 Bestimmung der Schleifzugabe

Länge/Durchmesser L/D	Widerstandsmoment W (cm³)											
	0,1 <1,0	1 <10	10 <100	100 <1000	0,1 <1,0	1 <10	10 <100	100 <1000	0,1 <1,0	1 <10	10 <100	100 <1000
0,10 <0,32	0,25	0,23	0,21	0,19	0,26	0,24	0,21	0,20	0,27	0,24	0,22	0,21
0,32 <1,00	0,26	0,24	0,22	0,20	0,27	0,25	0,23	0,21	0,28	0,26	0,23	0,22
1,00 <3,2	0,27	0,25	0,23	0,21	0,28	0,26	0,24	0,22	0,29	0,27	0,24	0,23
3,2 <10,0	0,29	0,26	0,24	0,22	0,29	0,27	0,25	0,23	0,30	0,28	0,26	0,24
10 <32	0,30	0,27	0,25	0,23	0,30	0,28	0,26	0,24	0,31	0,29	0,27	0,25
32 <100	0,31	0,29	0,26	0,24	0,32	0,29	0,27	0,25	0,32	0,30	0,28	0,26
	von 1 bis <10				von 10 bis <100				von 100 bis <1000			
	Anzahl × Größe der Querschnittsänderungen $q \cdot F_1/F_2$											

$$\triangle d = \triangle d_T \cdot k_v k_m k_w$$

Vorbearbeitung:		*Werkstoff:*		*Warmbehandlung:*	
gedreht	$k_v = 1$	unleg. Kohlenst.-st.	$k_m = 1{,}15$	nicht warmbehandelt	$k_w = 1$
vorgeschliffen	$k_v = 0{,}35$	legierte Kohlenst.-st.	$k_m = 0{,}92$	warmbehandelt	$k_w = 1{,}24$

Mit den Angaben aus Abb. 7 gilt für den die Vorbearbeitung berücksichtigenden Faktor

$$k_v = \frac{\sum \Delta d_s \text{ (vorgeschliffene Teile)}}{\sum \Delta d_s \text{ (vorgedrehte Teile)}} = 0{,}35 \tag{25}$$

Es zeigte sich, daß der Einfluß von Werkstoff und Warmbehandlung erst in Verbindung mit einer Querschnittsänderung wirksam wird. Entsprechend den Ausführungen in Abschnitt 5.1.4, nach denen eine differenziertere Unterteilung der Einflußfaktoren keine wesentliche Steigerung in der Genauigkeit, mit der die Zugaben bestimmt werden können, erbringt, wurden die Werkstoffe nach unlegierten Stählen und legierten Stählen einerseits und nach warmbehandelt bzw. nicht warmbehandelt andererseits unterschieden. Man erhält damit:

$$k_w = \frac{\frac{1}{2}\left[\frac{1}{N_L} \sum \Delta d_s \text{ (leg. St. warmbeh.)} + \frac{1}{N_{cw}} \sum \Delta d_s \text{ (unleg. St. warmbeh.)}\right]}{\frac{1}{N} \sum \Delta d_s}$$

$$= \frac{\frac{1}{2}\left[\frac{1}{39} \cdot 6{,}29 + \frac{1}{37} \cdot 6{,}92\right]}{\frac{1}{112} \cdot 15{,}76} = 1{,}24 \tag{26}$$

$$k_{mc} = \frac{\frac{1}{N_{cw}} \sum \Delta d_s \text{ (unleg. St. warmbeh.)}}{\frac{1}{N_L} \sum \Delta d_s \text{ (leg. St. warmbeh.)}} = \frac{\frac{1}{37} \cdot 6{,}92}{\frac{1}{39} \cdot 6{,}29} = 1{,}15 \tag{27}$$

$$k_w \cdot k_{mL} = \frac{\frac{1}{N_L} \sum \Delta d_s \text{ (leg. St. warmbeh.)}}{\frac{1}{N} \sum \Delta d_s} = \frac{\frac{1}{39} \cdot 6{,}29}{\frac{1}{112} \cdot 15{,}76} = 1{,}15 \tag{28}$$

$$k_{mL} = \frac{1{,}15}{k_w} = 0{,}92 \tag{29}$$

(Indizes: c = unlegierte Stähle, L = legierte Stähle)

Nach Einbeziehung dieser Kennwerte erhält die Gleichung ihre endgültige Form:

$$\Delta d = [0{,}177 + 0{,}0225 \log(10\, L/D) - 0{,}0223 \log(10\, W) + 0{,}0079 \log(10\, q \cdot F_1/F_2)]\; k_v \cdot k_m \cdot k_w \tag{30}$$

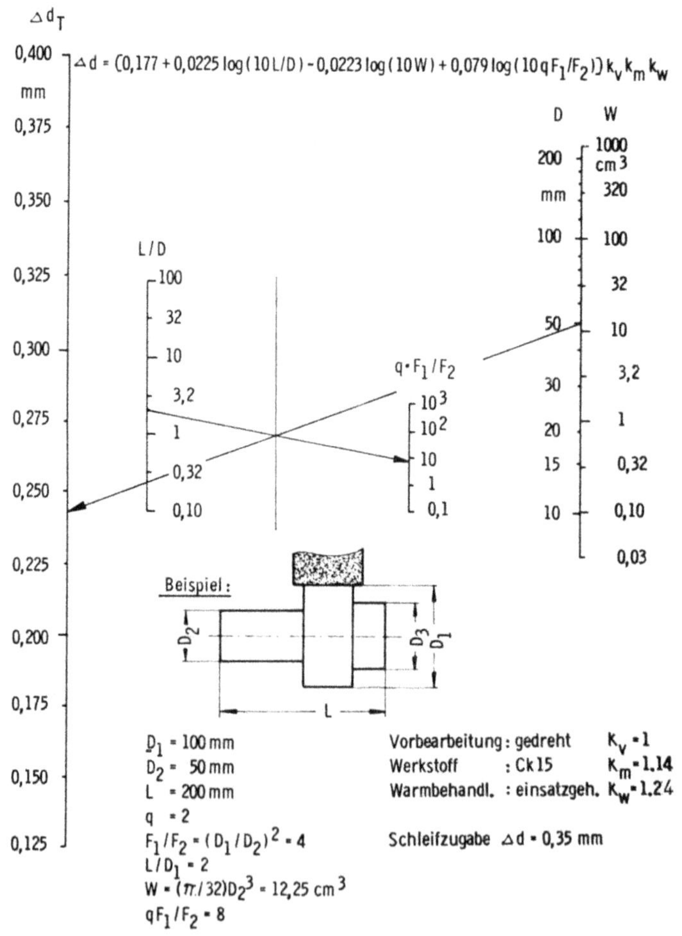

Abb. 19 Nomogramm zur Bestimmung der Schleifzugabe

Fügt man dem Größtmaß der geschliffenen Werte den mittels Gleichung (30) ermittelten Wert für Δd hinzu, so erhält man mit $D_g + \Delta d = D_u$ das Kleinstmaß des zu schleifenden Durchmessers mit Bearbeitungszugabe. Unter Berücksichtigung der Arbeitsgenauigkeit der vor dem Schleifen eingesetzten Maschine ergibt sich für das Größtmaß $D_o = D_u + A$. Somit stellt $D_o - D_u$ den Toleranzbereich dar, dem die für einen Bearbeitungsfall errechneten Zugaben angehören sollten.

8. Vertrauensgrenzen und Gültigkeitsbereich

Da die für die Regressionsrechnung benutzten rund 3200 Beobachtungswerte lediglich eine Stichprobe darstellen, ist der für die notwendige Sauberzugabe ermittelte Regressionswert $Y = \Delta d_s$ mit einer Unsicherheit behaftet. Die Vertrauensgrenzen für den berechneten Regressionswert lassen sich aus dessen Streuung S_Y^2 bestimmen [1]. Mit einer Sicherheitsschwelle $P = 0{,}05$ bzw. einer 5%igen Irrtumswahrscheinlichkeit erhält man für die Vertrauensgrenzen allgemein

$$\begin{aligned} &Y \pm t_{0,05} \cdot S_Y \\ &Y \pm 1{,}982 \cdot S_Y \end{aligned} \tag{31}$$

Für den ungünstigsten Fall, der durch die größte beobachtete Abweichung $Y - y$ gegeben ist, wird $S_Y = 10{,}5$ und für die Grenzwerte des Vertrauensbereiches gilt

$$\begin{aligned} Y^* &= Y \pm 10{,}5 \qquad \text{bzw.} \\ \Delta d_s^* &= \Delta d_s \pm 0{,}0105 \text{ mm} \end{aligned} \tag{32}$$

Das bedeutet, daß bei zufälliger Streuung 95% aller Sauberzugaben die Abweichung vom Regressionswert 0,0105 mm oder weniger beträgt.
Über die Güte der Regression gibt das Bestimmtheitsmaß B Auskunft [2].

$$B = \frac{b_1 S(x_1 - \bar{x}_1)(y - \bar{y}) + b_2 S(x_2 - \bar{x}_2)(y - \bar{y}) + b_3 S(x_3 - \bar{x}_3)(y - \bar{y})}{S(y - \bar{y})^2} \tag{33}$$

Je enger die lineare Abhängigkeit zwischen den unabhängigen Veränderlichen x_1, x_2, x_3 und der abhängigen Veränderlichen y, um so größer ist das Bestimmtheitsmaß B, das alle Werte zwischen 0 und 1 annehmen kann. Wird $B = 1$, so liegt eine streng lineare funktionelle Beziehung vor. Mit den Ergebnissen der vorliegenden Untersuchung wird

$$B = 0{,}3127.$$

Das bedeutet, daß 31,27% der Streuung der ermittelten Sauberzugaben sich aus Veränderungen der unabhängigen Veränderlichen L/D, W und $q \cdot F_1/F_2$ durch lineare Regression erklären lassen. Der Rest mit 68,73% setzt sich aus Streuungen zusammen, die sowohl zufälliger Art sind als auch durch nicht erfaßte Einflußfaktoren bedingt sein können. Diese Streuungen sind – wie in Abschnitt 7 bereits erläutert – durch entsprechende Zuschläge bei der Bestimmung der Zugaben berücksichtigt worden.
Die Anwendung der Gleichung (30), die die Abhängigkeit der Schleifzugabe von ihren maßgeblichen Einflußfaktoren formelmäßig angibt, sind Grenzen gesetzt, auf die bei der Benutzung hingewiesen werden muß. Die Gesamtheit der qualitativen und quantitativen Merkmale der untersuchten Werkstücke kann nur einen Teil der in der Praxis vorkommenden Möglichkeiten darstellen. Aus diesem Grunde umfaßt die Tab. 4 von den aufgeführten Faktoren nur solche Werte, die auch gemessen wurden.

9. Zusammenfassung

Die vielfältigen Bemühungen, eine allgemein gültige Richtlinie für die Bearbeitungszugabe beim Schleifen aufzustellen, haben bisher zu keiner verwertbaren Lösung geführt, da es nicht gelang, durch einfache Angaben über die Größe der Schleifzugabe den verschiedenartigen Arbeitsbedingungen unterschiedlicher Fertigungszweige Rechnung zu tragen.

Eine Voruntersuchung ergab, daß diese Aufgabe von der Betriebsseite her über eine Erfassung der Einflußfaktoren auf die Zugabe zu lösen ist.

Aus dem laufenden Fertigungsprogramm einer Reihe von Betrieben wurden Bearbeitungsfälle mit insgesamt etwa 4000 Werkstücken untersucht. Die Auswertung der Meßwerte wurde nach statistischen Gesichtspunkten vorgenommen. Während von den qualitativen Merkmalen die Vorbearbeitung einen wesentlichen Einfluß auf die Schleifzugabe besitzt, besteht zwischen Werkstückaufnahme, Werkstoff, Warmbehandlung und Zugabe nur eine geringe Abhängigkeit. Von den Merkmalen quantitativer Art nehmen Werkstücklänge und -durchmesser, das Widerstandsmoment sowie Anzahl und Größe der Querschnittsänderungen den stärksten Einfluß auf die Schleifzugabe, deren Abhängigkeit von den genannten Faktoren mit Hilfe der mehrfachen linearen Regression quantitativ bestimmt werden konnte. Die Ergebnisse wurden in Form einer Tabelle dargestellt, der bei Kenntnis der Werkstückeigenschaften das vorzugebende Schleifaufmaß entnommen werden kann. Hierdurch ist die Möglichkeit gegeben, die Schleifzugabe den jeweils vorherrschenden Fertigungsbedingungen anzupassen und somit eine kostensenkende Einsparung der Bearbeitungszeit vorzunehmen.

Literaturverzeichnis

[1] Noack, H., Schleifzugaben. Eine Analyse der Schwierigkeiten, diese Norm unter zeitgemäßen Gesichtspunkten neu aufzustellen. Sonderdruck aus der Zeitschrift »Planung und Betriebsorganisation«, 2. Jahrg. Heft 7, S. 271–274, Heft 8, S. 312–316, Heft 9, S. 351, VEB Verlag Technik, Berlin.

[2] Opitz, H., und O. Daude, Erfassung von Maßzugaben beim Schleifen. Unveröffentlichter Bericht des Laboratoriums für Werkzeugmaschinen und Betriebslehre der TH Aachen, 1963.

[3] Linder, A., Statistische Methoden. Birkhäuser Verlag, Basel und Stuttgart 1960.

[4] Linder, A., Statistische Methoden. Birkhäuser Verlag, Basel und Stuttgart 1957.

[5] Houdremont, E., Handbuch der Sonderstahlkunde. Berlin–Göttingen–Heidelberg 1956.

Forschungsberichte des Landes Nordrhein-Westfalen

Herausgegeben im Auftrage des Ministerpräsidenten Heinz Kühn
von Staatssekretär Professor Dr. h. c. Dr. E. h. Leo Brandt

Sachgruppenverzeichnis

Acetylen · Schweißtechnik

Acetylene · Welding gracitice
Acétylène · Technique du soudage
Acetileno · Técnica de la soldadura
Ацетилен и техника сварки

Arbeitswissenschaft

Labor science
Science du travail
Trabajo científico
Вопросы трудового процесса

Bau · Steine · Erden

Constructure · Construction material · Soil research
Construction · Matériaux de construction · Recherche souterraine
La construcción · Materiales de construcción · Reconocimiento del suelo
Строительство и строительные материалы

Bergbau

Mining
Exploitation des mines
Minería
Горное дело

Biologie

Biology
Biologie
Biologia
Биология

Chemie

Chemistry
Chimie
Quimica
Химия

Druck · Farbe · Papier · Photographie

Printing · Color · Paper · Photography
Imprimerie · Couleur · Papier · Photographie
Artes gráficas · Color · Papel · Fotografía
Типография · Краски · Бумага · Фотография

Eisenverarbeitende Industrie

Metal working industry
Industrie du fer
Industria del hierro
Металлообработывающая промышленность

Elektrotechnik · Optik

Electrotechnology · Optics
Electrotechnique · Optique
Electrotécnica · Optica
Электротехника и оптика

Energiewirtschaft

Power economy
Energie
Energía
Энергетическое хозяиство

Fahrzeugbau · Gasmotoren

Vehicle construction · Engines
Construction de véhicules · Moteurs
Construcción de vehículos · Motores
Производство транспортных · Средств

Fertigung

Fabrication
Fabrication
Fabricación
Производство

Funktechnik · Astronomie

Radio engineering · Astronomy
Radiotechnique · Astronomie
Radiotécnica · Astronomía
Радиотехника и астрономия

Gaswirtschaft
Gas economy
Gaz
Gas
Газовое хозяиство

Holzbearbeitung
Wood working
Travail du bois
Trabajo de la madera
Деревообработка

Hüttenwesen · Werkstoffkunde
Metallurgy · Materials research
Métallurgie · Materiaux
Metalurgia · Materiales
Металлургия и материаловедение

Kunststoffe
Plastics
Plastiques
Plásticos
Пластмассы

Luftfahrt · Flugwissenschaft
Aeronautics · Aviation
Aéronautique · Aviation
Aeronáutica · Aviación
Авиация

Luftreinhaltung
Air-cleaning
Purification de l'air
Purificación del aire
Очищение воздуха

Maschinenbau
Machinery
Construction mécanique
Construcción de máquinas
Машиностроительство

Mathematik
Mathematics
Mathématiques
Mathemáticas
Математика

Medizin · Pharmakologie
Medicine · Pharmacology
Médecine · Pharmacologie
Medicina · Farmacología
Медицина и фармакология

NE-Metalle
Non-ferrous meta
Metal non ferreux
Metal no ferroso
Цветные металлы

Physik
Physics
Physique
Física
Физика

Rationalisierung
Rationalizing
Rationalisation
Racionalización
Рационализация

Schall · Ultraschall
Sound · Ultrasonics
Son · Ultra-son
Sonido · Ultrasónico
Звук и ультразвук

Schiffahrt
Navigation
Navigation
Navegacion
Судоходство

Textilforschung
Textile research
Textiles
Textil
Вопросы текстильной промышленности

Turbinen
Turbines
Turbines
Turbinas
Турбины

Verkehr
Traffic
Trafic
Tráfico
Транспорт

Wirtschaftswissenschaften
Political economy
Economie politique
Ciencias económicas
Экономические науки

Einzelverzeichnis der Sachgruppen bitte anfordern

Westdeutscher Verlag · Köln und Opladen
567 Opladen/Rhld., Ophovener Straße 1–3, Postfach 1620

GPSR Compliance
The European Union's (EU) General Product Safety Regulation (GPSR) is a set of rules that requires consumer products to be safe and our obligations to ensure this.

If you have any concerns about our products, you can contact us on

ProductSafety@springernature.com

In case Publisher is established outside the EU, the EU authorized representative is:

Springer Nature Customer Service Center GmbH
Europaplatz 3
69115 Heidelberg, Germany

www.ingramcontent.com/pod-product-compliance
Ingram Content Group UK Ltd.
Pitfield, Milton Keynes, MK11 3LW, UK
UKHW061659190726
13853UKWH00008B/2300

* 9 7 8 3 6 6 3 0 6 2 9 5 0 *